ニュートン

科学の学校シリーズ

元素の学校

まえがき

はじめまして。
ぼくの名前は「ぶートン」です。

科学のおもしろさを、わかりやすく伝える
「科学の学校シリーズ」の今回のテーマは
「元素」です。

みなさんが読んでいるこの本は、何でできていますか？
「紙」？　「木」？　もっと細かくみてみましょう。
やがては「炭素」や「酸素」などの小さな粒に行きつきます。

ぶートン

これが「元素」です。
この本も、本がならぶ棚も、みなさんの体も、
すべては「元素」でできているのです。

そんな「元素」について、ぼくと友達の「ウーさん」が、
やさしく楽しく紹介していきます。

この本を読めば、身のまわりのものが
どんな「元素」でできているか気になってくるでしょう。
ぼくやウーさんと一緒に、この世界をぜーんぶ
「元素」に分解しちゃいましょう！

2024年9月

ぶートン

ウーさん

もくじ

1じかんめ 元素って何？

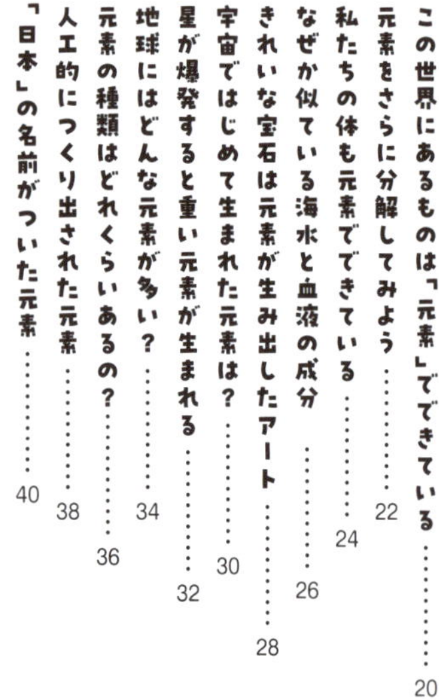

2じかんめ 周期表をみてみよう

3じかんめ 元素のほとんどは金属

4じかんめ 個性豊かな元素たち

この本の特徴

ひとつのテーマを、2ページで紹介します。メインのお話（説明）だけでなく、関連する情報を教えてくれる「メモ」や、テーマに関係のある豆知識を得られる「もっと知りたい」もあります。

また、ちょっと面白い話題を集めた「やすみじかん」のページも、本の中にたまに登場するので、探してみてくださいね。

キャラクター紹介

ぶートン

科学雑誌『Newton』から誕生したキャラクター。まぁるい鼻がチャームポイント。

ウーさん

ぶートンの友達。うさぎのような長い耳がじまん。いつもにくまれ口をたたいているけど、にくめないヤツ。

ぶートンは変身もできるよ！

宝石

磁石

金塊

全部で118個ある元素をならべて見やすくした「周期表」。くわしくは2じかんめで紹介しています。

※原子番号104番以降の元素の化学的性質はまだよくわかっていません。

10族	11族	12族	13族	14族	15族	16族	17族	18族
								2 ヘリウム He 4.003
			5 ホウ素 B 10.81	6 炭素 C 12.01	7 窒素 N 14.01	8 酸素 O 16.00	9 フッ素 F 19.00	10 ネオン Ne 20.18
			13 アルミニウム Al 26.98	14 ケイ素 Si 28.09	15 リン P 30.97	16 硫黄 S 32.07	17 塩素 Cl 35.45	18 アルゴン Ar 39.95
28 ニッケル Ni 58.69	29 銅 Cu 63.55	30 亜鉛 Zn 65.38	31 ガリウム Ga 69.72	32 ゲルマニウム Ge 72.63	33 ヒ素 As 74.92	34 セレン Se 78.97	35 臭素 Br 79.90	36 クリプトン Kr 83.80
46 パラジウム Pd 106.4	47 銀 Ag 107.9	48 カドミウム Cd 112.4	49 インジウム In 114.8	50 スズ Sn 118.7	51 アンチモン Sb 121.8	52 テルル Te 127.6	53 ヨウ素 I 126.9	54 キセノン Xe 131.3
78 白金 Pt 195.1	79 金 Au 197.0	80 水銀 Hg 200.6	81 タリウム Tl 204.4	82 鉛 Pb 207.2	83 ビスマス Bi 209.0	84 ポロニウム Po [210]	85 アスタチン At [210]	86 ラドン Rn [222]
110 ダームスタチウム Ds [281]	111 レントゲニウム Rg [280]	112 コペルニシウム Cn [285]	113 ニホニウム Nh [278]	114 フレロビウム Fl [289]	115 モスコビウム Mc [289]	116 リバモリウム Lv [293]	117 テネシン Ts [293]	118 オガネソン Og [294]

63 ユウロピウム Eu 152.0	64 ガドリニウム Gd 157.3	65 テルビウム Tb 158.9	66 ジスプロシウム Dy 162.5	67 ホルミウム Ho 164.9	68 エルビウム Er 167.3	69 ツリウム Tm 168.9	70 イッテルビウム Yb 173.0	71 ルテチウム Lu 175.0
95 アメリシウム Am [243]	96 キュリウム Cm [247]	97 バークリウム Bk [247]	98 カリホルニウム Cf [252]	99 アインスタイニウム Es [252]	100 フェルミウム Fm [257]	101 メンデレビウム Md [258]	102 ノーベリウム No [259]	103 ローレンシウム Lr [262]

周期表をながめてみよう

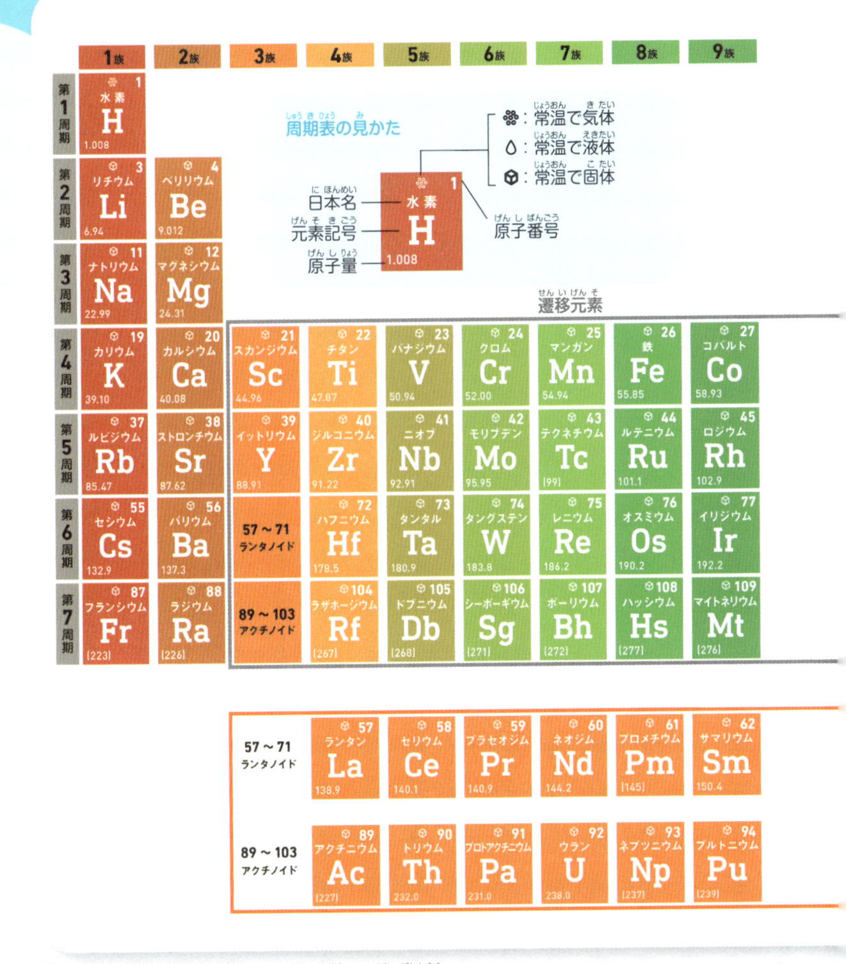

参考：日本化学会原子量専門委員会が2024年に発表した4桁の原子量(https://www.chemistry.or.jp/ know/atom_2024.pdf)

赤い湖とフラミンゴ

フラミンゴの羽がピンク色なのは、ナトロン湖の藍藻類を食べているため。

タンザニア北部にある塩湖「ナトロン湖」。塩は、塩素（→116ページ）とナトリウム（→104ページ）の化合物です。生き物にとって過酷な環境に適応した、赤い色素をもつ藍藻類がすんでいます。だから水が赤いのです。

17
塩素
Cl
35.45
11
ナトリウム
Na
22.99
強いアルカリ性の湖だから生き物はくらせないぜ
ぼくと同じ赤色だ！
フラミンゴは特別だぜ

青い炎を噴き出す山

インドネシアのジャワ島にある「イジェン山」では、夜になると青色の炎が見られます。これは硫黄（→114ページ）の高温ガスが燃えているのです。このガスは有毒なので、見るにはガスマスクが必要となります。

青い溶岩が流れているみたいだね！

黄色い結晶と噴煙

北海道にある硫黄山（アトサヌプリ）は、あちこちから煙が噴き出る活火山です。噴気孔には、硫黄（→114ページ）の黄色い結晶ができています。山のふもとには、硫黄の化合物による独特なにおいがただよっています。

温泉は元素のパレット

緑：岩手県国見温泉

白：秋田県乳頭温泉

青：大分県別府温泉海地獄

赤：大分県別府温泉血の池地獄

日本各地にはさまざまな温泉があります。多くの温泉は、わき出たときは無色透明ですが、空気に触れることで、温泉にふくまれた元素が酸素と結びついてさまざまな色になります。

ほかの色の温泉もあるかもな

1

じかんめ

元素って何？

この世界にあるものは、すべて「元素」でできている……といわれても、あまりピンとこない人が多いかもしれませんね。元素はあまりに小さいので、私たちの目には見えません。だけどたしかに存在しているのです。ここでは、「元素」についての基本を紹介します。

01 この世界にあるものは「元素」でできている

元素とは、さまざまな物質をつくっている基本的な成分のことです。

たとえば、みなさんが毎日手を洗うときに触れる水は、「水素」という元素と、「酸素」という元素でできています。このように、私たちの身のまわりにあるものは、さまざまな種類の元素が組み合わさってできています。

私たちの体は細かくみれば「細

太陽系

地球

元素を知ることは科学への一歩

この世界や宇宙にあるものは、すべて「元素」でできている。元素を知ることは、世界や宇宙についてより深く理解することにつながる。もし身のまわりのものがどんな「元素」でできているか気になったら、あなたはりっぱな「科学者」だ。

胞」でできていますが、これも元素でできています。生き物だけでなく、学校の机も、いすも、鉛筆も。学校そのものだって、細かく分解していけば元素になります。

地球上のものだけでなく、はるか遠くの宇宙でかがやく太陽も、火星や木星などの惑星も、みんな元素でできているのです。

さて、もし身のまわりのものがどんな元素でできているかわかったら、もっとこの世界や宇宙のことを深く理解できると思いませんか？

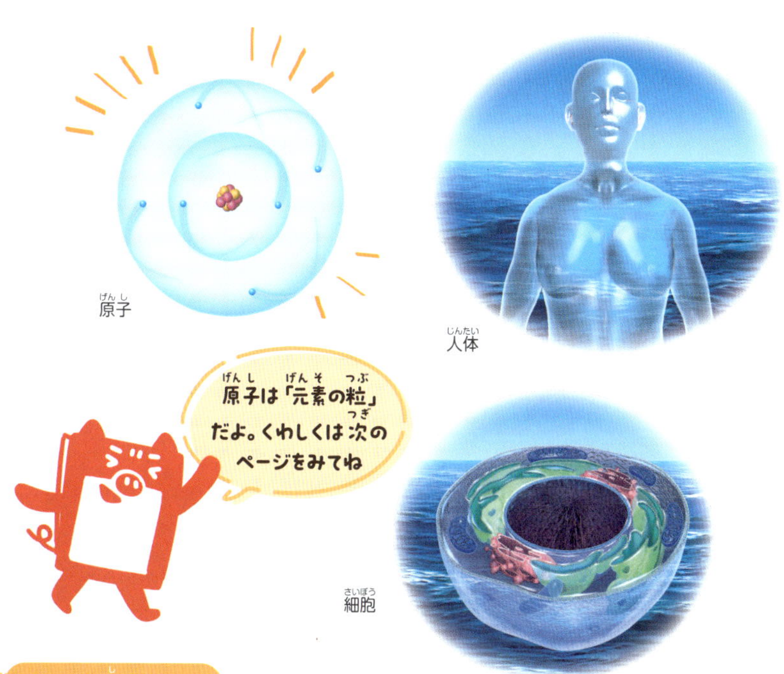

原子

人体

細胞

もっと知りたい

私たちが吸ったりはいたりしている空気（大気）にも元素がふくまれている。

02 元素をさらに分解してみよう

ここに、どこまでも拡大して見ることができる超高性能な顕微鏡があるとします。その顕微鏡で、この本を拡大していくと……紙を形づくる繊維が見えてくるでしょう。さらに拡大していくと……やがては粒になります。これを「原子」といいます。「原子」は、「元素」と似ている言葉です。この本では、元素の粒の話をするときは「原子」を使うことにしています。

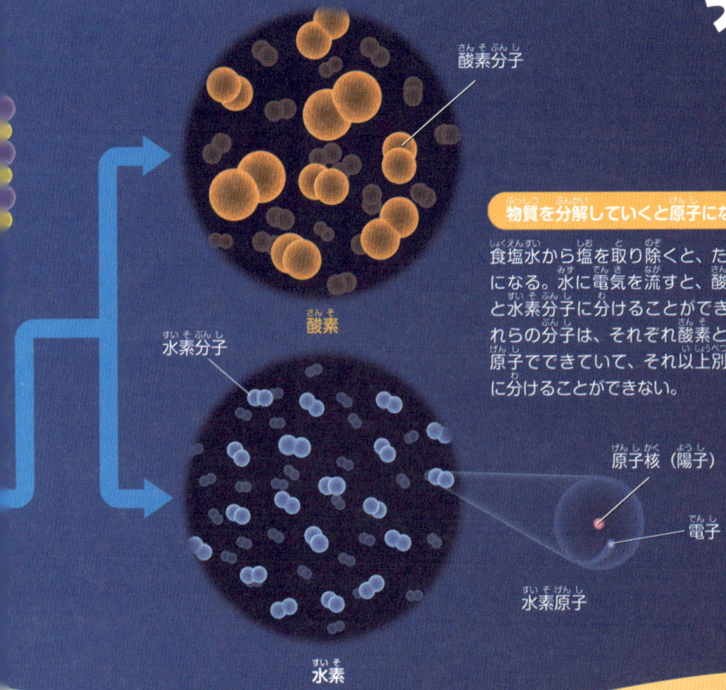

物質を分解していくと原子になる

食塩水から塩を取り除くと、ただの水になる。水に電気を流すと、酸素分子と水素分子に分けることができる。これらの分子は、それぞれ酸素と水素の原子でできていて、それ以上別の物質に分けることができない。

原子の大きさは、1ミリメートルの1000万分の1くらいです。想像もできないくらい小さいですね。

原子の真ん中にはプラスの電気をおびた「原子核」があって、そのまわりをマイナスの電気をおびた「電子」が飛びまわっています。原子核は、「陽子」と「中性子」という2種類の粒でできています。陽子がいくつふくまれているかによって、原子番号（↓46ページ）が決まります。また、原子が集まった集団を「分子」といいます。

もっと知りたい

水や塩のように、2種類以上の原子からなる物質を「化合物」という。

03 私たちの体も元素でできている

私たちの体は、どんな元素でできているのでしょうか。左のグラフを見てみましょう。

ヒトの体にふくまれている元素で、最も多いのは「酸素」です。ヒトの体の6～7割は水でできていて、酸素は水に使われています。

さらに、体をつくるタンパク質やDNAなどにも酸素がふくまれています。たとえば、体重35キログラムなら、23キログラムくらいは酸素がしめていることになります。

酸素の次に多いのが炭素で、次に水素、窒素、カルシウム、リンとつづきます。この6つの元素があれば、ヒトの体はほぼ完成します。

意外なことに、ヒトの体には金属もふくまれています。たとえば、血をなめると鉄っぽい味がしますね。実際に、血液は鉄の元素もふくんでいるのです。私たちの体に金属元素が入っているなんて、ちょっとふしぎですね。

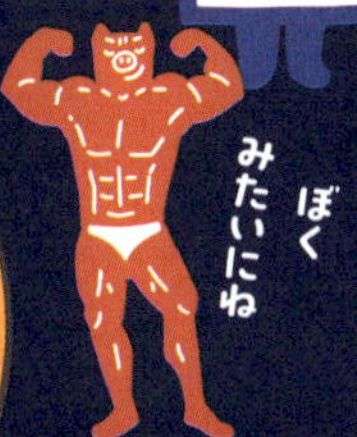

その他の元素 1.5 %
リン 1.0 %
カルシウム 1.5 %
窒素 3.0 %
水素 10 %
炭素 18 %
酸素 65 %

ヒトの体を構成する元素

右の円グラフは、ヒトの体を構成する元素の比率をあらわしている※。このグラフから、体の半分以上は酸素でできていることがわかる。

カルシウム
体内にある9割は骨をつくる材料としてつかわれている。

カリウム
細胞の代謝を促すなどの機能をもっている。

ナトリウム
体液の酸性度などを調節している。

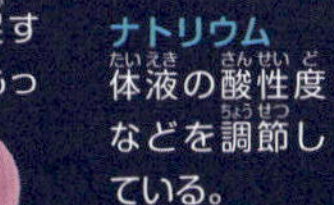

水
体液や血液として、体重の60～70%程度を占めている。

水素
酸素

塩素
細胞や体液中にふくまれている。

マグネシウム
約60%が骨に、約40%が筋肉などの中に存在する。

アラニン
アミノ酸の一種。ヒトの体をつくるタンパク質は、20種類のアミノ酸が連なってできている。

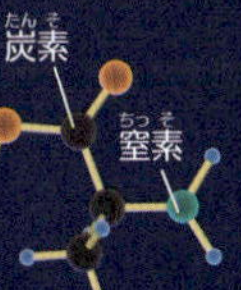

DNA
DNAを構成するのは、炭素、窒素、酸素、水素、リンの5種類の原子である。

グルコース
ブドウ糖ともいう。体の主要なエネルギー源になる。

※円グラフ内の数値は重量%

もっと知りたい

ブドウ糖（グルコース）は、ブドウの果実から発見されたことが名前の由来。

やすみじかん

なぜか似ている海水と血液の成分

ヒトの体にふくまれる水のうち、約30％が血液と組織液です。組織液とは、毛細血管からしみでて細胞と細胞のすき間を満たす液体のことです。

血液や組織液に溶けている主な元素は、ナトリウムと塩素です。さらに、カリウムやカルシウム、マグネシウムなどが溶けています。じつは血液や組織液にふくまれる元素の種類は、濃度こそちがうものの、海水にふくまれる元素の種類ととてもよく似ています。いったいなぜでしょうか？

地球上にいちばんはじめに誕生した生命は、海の中をただよう小さな単細胞生物だったと考えられています。そして、海から陸で生活するようになっても、組織液という"海水"の中に細胞を浮かべている……という説があります。本当だったらおもしろいですね！

海水にふくまれる元素と、ヒトの血液や組織液にふくまれる元素は、種類と比率がよく似ている。これは、細胞が海で誕生したためだと考えられている。

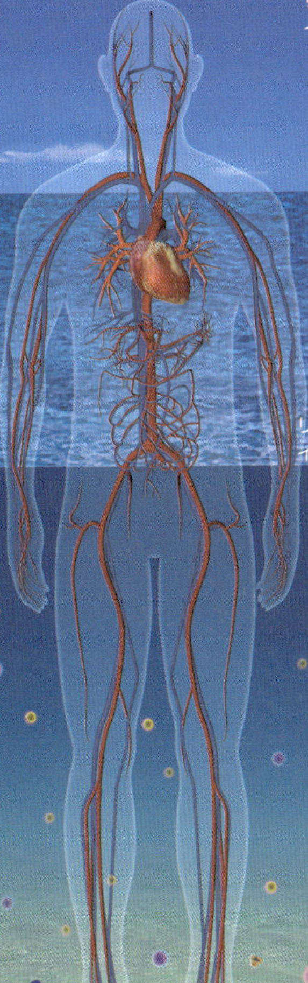

組織液に含まれる元素とイオン

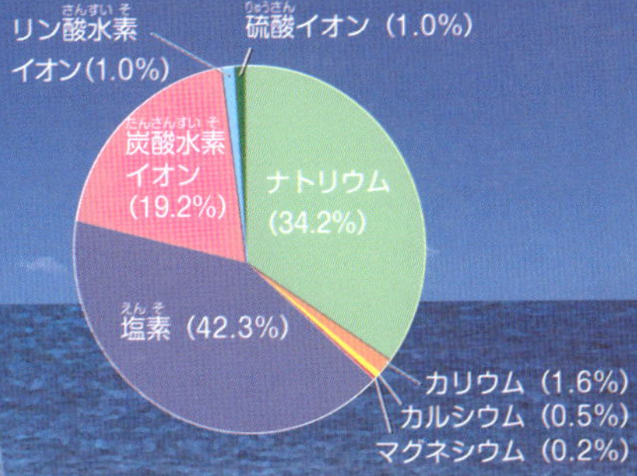

血液に含まれる元素とイオン

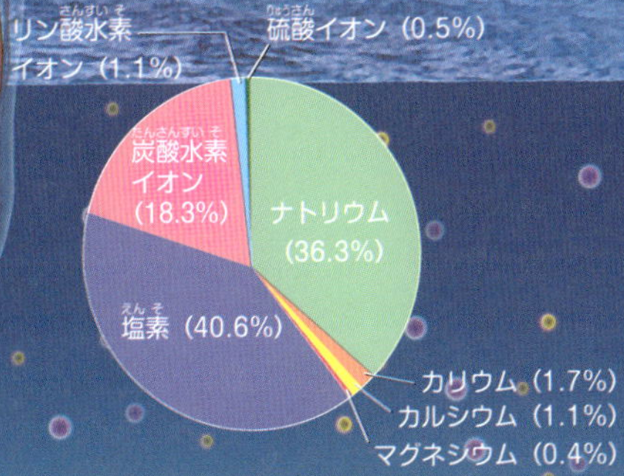

海水に溶けている元素

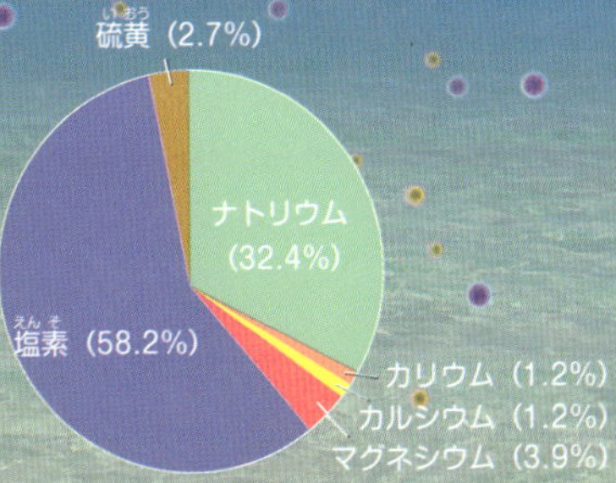

※円グラフ内の数値は重量%

04

きれいな宝石は元素が生み出したアート

ダイヤモンドにルビー、サファイア。きれいな宝石は、むかしから人々のあこがれのまとでした。宝石がほかの石とちがう点はなんでしょうか？

まず1つは、もちろん「色やかがやきが美しいこと」。そしてもう1つは、「かたくて美しさが長持ちすること」です。

宝石の色やかがやきは、宝石にふくまれる元素の種類と割合によってちがいます。たとえば、同じ「ベリル」という鉱物でも、ふくまれている金属元素がちがうと色がかわり、緑色なら「エメラルド」、水色なら「アクアマリン」とよばれます。

宝石のかたさは、「モース硬度」という1～10の値であらわされます。たとえば、かたいことで有名なダイヤモンドのモース硬度は最大の「10」です。ダイヤモンドは「炭素」でできた宝石で、炭素の原子どうしが強く結びついているので、ものすごくかたいのです。

このきらめきとかたさは元素のおかげ

宝石ができる場所

地中で宝石が生まれる場所を示した。大きく分けると3つあり、それぞれ生まれる宝石がことなる。

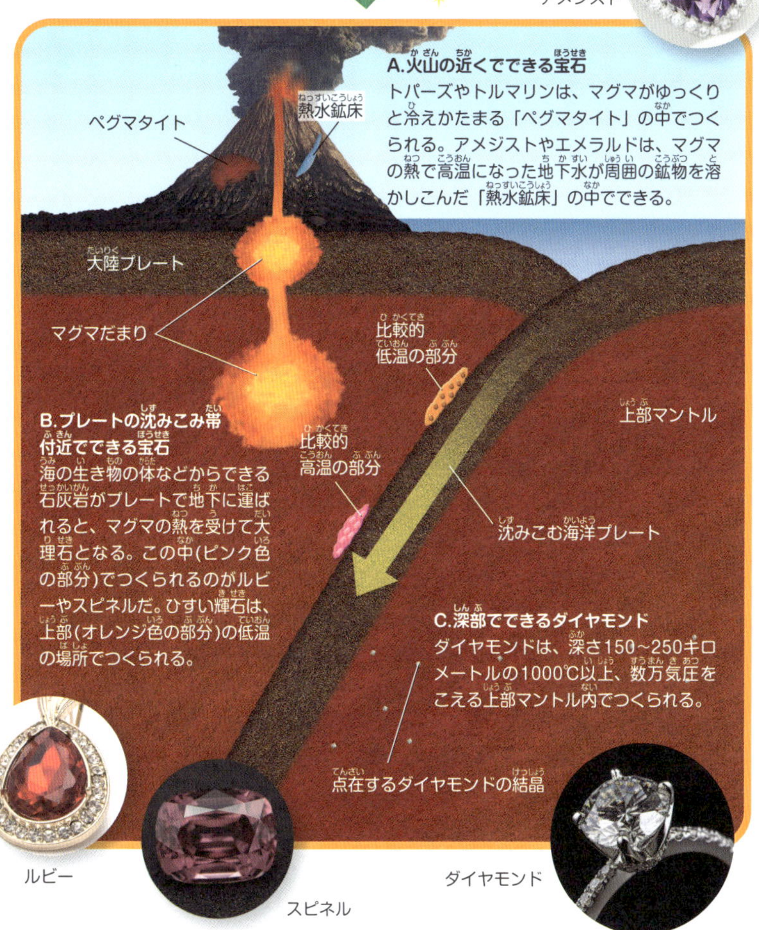

A.火山の近くでできる宝石

トパーズやトルマリンは、マグマがゆっくりと冷えかたまる「ペグマタイト」の中でつくられる。アメジストやエメラルドは、マグマの熱で高温になった地下水が周囲の鉱物を溶かしこんだ「熱水鉱床」の中でできる。

B.プレートの沈みこみ帯付近でできる宝石

海の生き物の体などからできる石灰岩がプレートで地下に運ばれると、マグマの熱を受けて大理石となる。この中(ピンク色の部分)でつくられるのがルビーやスピネルだ。ひすい輝石は、上部(オレンジ色の部分)の低温の場所でつくられる。

C.深部でできるダイヤモンド

ダイヤモンドは、深さ150~250キロメートルの1000℃以上、数万気圧をこえる上部マントル内でつくられる。

もっと知りたい

宝石は、地中でできるもののほかに、サンゴや真珠など生物由来のものもある。

05 宇宙ではじめて生まれた元素は？

元素はいつからあるのでしょうか？それは、「宇宙が誕生したときから」です。宇宙誕生とほぼ同時に、原子核を構成する陽子と中性子（↓22ページ）が生まれました。

くわしくは46ページでも紹介しますが、元素の種類を決めているのは陽子の数です。陽子を1つもつ元素といえば「水素」。つまり、陽子が誕生したのと同時に、「水素」の原子核も誕生したことになります。

やがて、陽子と中性子が合体していくことで、「ヘリウム」の原子核（陽子2つ・中性子2つ）や「リチウム」の原子核（陽子3つ、中性子3～4つ）なども生まれました。

宇宙が誕生してから約38万年たつと、プラスの電気をおびた陽子が、マイナスの電気をおびた電子をとらえました。こうして原子核と電子が結びつき、原子（元素）が誕生したといわれています。

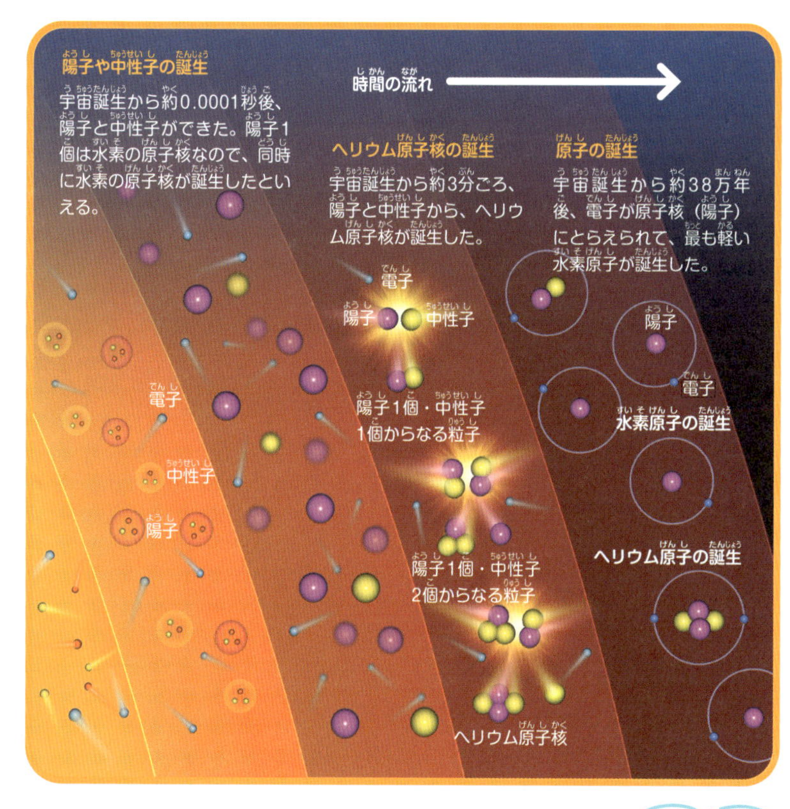

宇宙にある元素のほとんどは「水素」

宇宙に存在する原子は、個数でくらべると90％以上が水素だといわれています。水素の原子はほかの原子とくっつきやすい性質がありますが、宇宙では元素の密度が小さいので、水素原子1つだけで存在していることが多いようです。

水素は酸素とくっつくと水になるよ

もっと知りたい

宇宙で水素の次に多いのはヘリウム。この2つだけで宇宙全体の99.9％を占める。

06 星が爆発すると重い元素が生まれる

元素の種類は、原子核にふくまれる陽子と中性子の数で決まります。つまり、原子核と原子核が合体すると、別の元素になるのです。これを「核融合反応」といいます。

核融合反応は、太陽のような恒星の内側で、高温・高密度の状態が長く保たれた場合におきます。陽子と中性子の数がふえるほど原子核は重くなっていきます。ふつう、恒星内でできるなかでいちばん重いのは、「鉄」の元素です。「鉄」がつくられると、核融合反応はそれ以上おきなくなり、恒星はどんどん小さくなっていきます。

そして最後には大爆発をおこします。これは「超新星爆発」とよばれます。このとき、大量の中性子がうまれて、すでにあった原子核にものすごい勢いでぶつかります。たくさんの中性子をもった原子核はやがて崩壊し、「金」「銀」「ウラン」など、鉄よりさらに重い元素が生まれます。

重い元素は星が
生み出しているって
ことだね！

炭素の誕生

恒星

1.炭素などが誕生

恒星の中で水素を材料に核融合反応がおきて、ヘリウム、次にベリリウムがつくられ、炭素が生まれる。

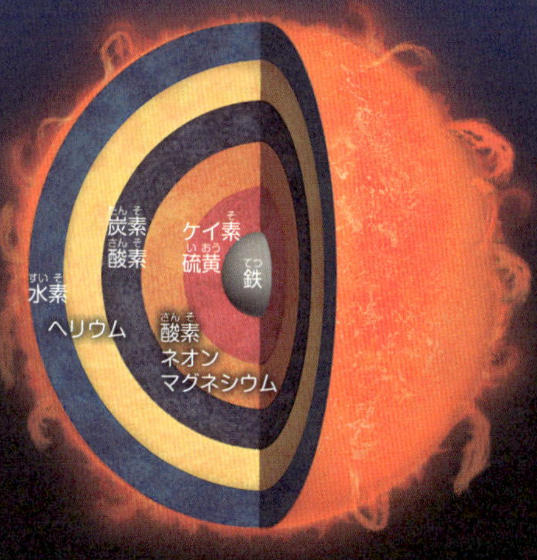

2.鉄までの重い元素が誕生

太陽の10倍程度以上の重さをもつ星では、さらに炭素から酸素、ネオン、ケイ素、鉄と核融合反応が進み、中心ほど重い元素がたまるタマネギのような構造になる。

※ 層の厚さは実際とことなる。

超新星爆発

3.ウランなどさらに重い元素が誕生

重い星が寿命を終え、「超新星爆発」をおこす。その爆発によって鉄からウランにいたる重い元素が合成されると考えられている。また爆発によって、星の内部でつくられた元素が宇宙空間にばらまかれる。

もっと知りたい

超新星爆発した星（中性子星）が合体する際にも、重い元素が生まれるようだ。

07

地球にはどんな元素が多い？

太陽にふくまれる元素は、「水素」が約71%、「ヘリウム」が約27%を占めています。これは、宇宙全体における元素の割合とほぼ同じといわれています。

地球の元素の割合はどうでしょう。地球の表面から深さ5～60キロメートルの領域である「地殻」にふくまれる元素は、「酸素」が最も多く、次に「ケイ素」「アルミニウム」などの金属元素がつづきます。これは、地殻を構成する岩石が、主にケイ素やアルミニウムに酸素が結びついたもの（酸化物）でできているためです。

海の水を構成している元素は酸素がいちばん多く、「水素」「塩素」「ナトリウム」とつづきます。現在の海水は、基本的に塩がとけた水です。塩の主な成分は、塩素イオンとナトリウムイオンがくっついた「塩化ナトリウム」なので、これらの元素が多いのはあたりまえといえます。

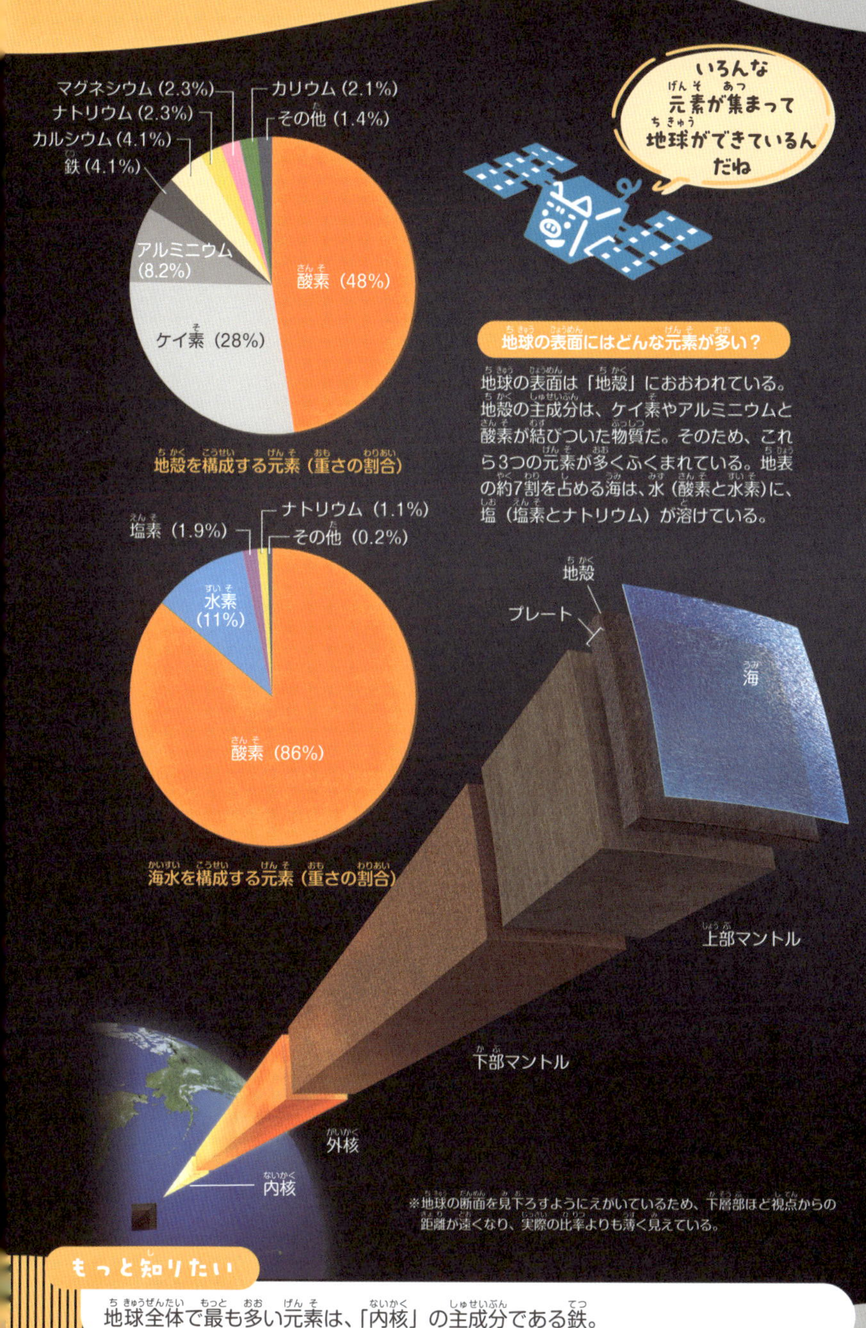

地球の表面にはどんな元素が多い？

地球の表面は「地殻」におおわれている。地殻の主成分は、ケイ素やアルミニウムと酸素が結びついた物質だ。そのため、これら3つの元素が多くふくまれている。地表の約7割を占める海は、水（酸素と水素）に、塩（塩素とナトリウム）が溶けている。

※地球の断面を見下ろすようにえがいているため、下層部ほど視点からの距離が遠くなり、実際の比率よりも薄く見えている。

もっと知りたい

地球全体で最も多い元素は、「内核」の主成分である鉄。

08 元素の種類はどれくらいあるの？

この世界にあるものはすべて元素でできている。今でこそこれは科学の常識となっていますが、そもそも「元素」というものがあることがわかったのは18世紀後半になってのことでした。フランスの化学者アントワーヌ・ラボアジエは、空気がいくつかの気体が混ざったものであることを見抜き、空気にふくまれる「酸素」を発見しました。ここではじめて、「それ

デモクリトスのアトム
紀元前 5 世紀ごろ、古代ギリシャのデモクリトスは、すべてのものはそれ以上分けることのできない「アトム」でできていると考えた。

アリストテレスの四元素説
紀元前5世紀、古代ギリシャのエンペドクレスは、すべてのものは「水・火・土・空気」の四元素でできていると考えた。その後、アリストテレスが、四元素説に感覚的な性質(熱・冷など)の説明を加えた。この説は2000年にもわたって信じられた。

以上分解できない単純な物質」が「元素」ということになったのです。
ラボアジエが元素を発見した当時は、まだ元素の種類は33種類しかわかっておらず、まちがったものも元素として数えられていました。それからどんどん研究が進み、2024年現在では、元素は118種類見つかっています。
ただし、計算上では、元素は172種類まで存在できるようです。今後も新しい元素が発見されるかもしれませんね。

もっと知りたい

ラボアジエが電気分解の実験を行うまで、「水」も元素の1つと考えられていた。

09 人工的につくり出された元素

全部で118種類ある元素のうち、地球上に自然に存在するのは94種類です。つまり、残りは人工的につくらないと見つからない元素ということです。

32ページで、原子核どうしが合体して別の元素になる「核融合反応」について紹介しました。つまり、原子核どうしを何らかの方法でくっつけることができれば、新しい元素が生み出せることになります。

でも、プラスの電気をおびた原子核どうしはおたがいに反発しあいます。そのため、2つの原子核をぶつけるには、原子を猛スピードで飛ばす必要があります。

これを可能にしたのが「加速器」という実験装置です。加速器は、電子や陽子、原子核などを加速させ、性能によっては光速に近い速さで動かすこともできます。これによって原子核どうしをぶつけ、新たな元素をつくり出すことができるのです。

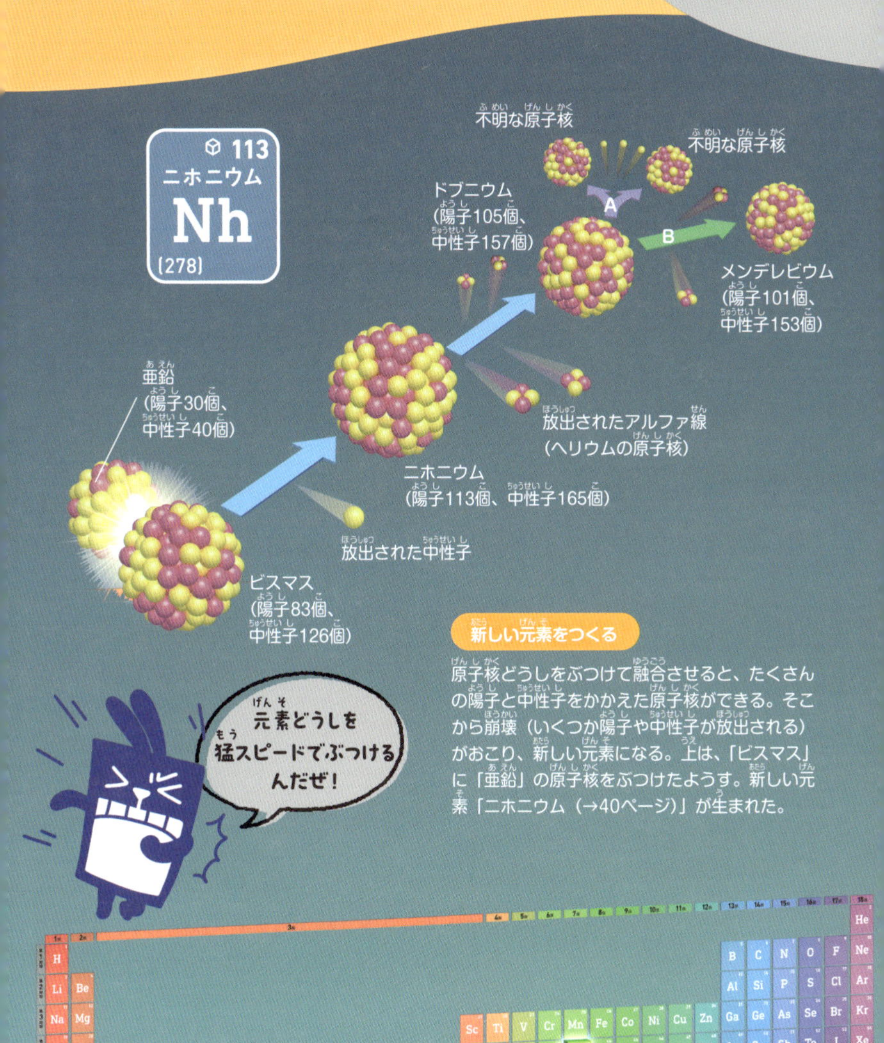

新しい元素をつくる

原子核どうしをぶつけて融合させると、たくさんの陽子と中性子をかかえた原子核ができる。そこから崩壊（いくつか陽子や中性子が放出される）がおこり、新しい元素になる。上は、「ビスマス」に「亜鉛」の原子核をぶつけたようす。新しい元素「ニホニウム（→40ページ）」が生まれた。

上の周期表（超長周期型）のうち、飛びだしている29種類の元素は、人工的につくられて発見された元素である。ただし、発見されたあとで、自然界にごくわずかに存在していることがわかった元素もある。

もっと知りたい

人工的につくられた元素はこわれやすく、寿命が1秒に満たないものも多い。

やすみじかん

「日本」の名前がついた元素

全118種類の中に、「日本」の名前が入った元素があります。それが原子番号113番「ニホニウム」(→169ページ) です。

ニホニウムは、日本の理化学研究所の森田浩介さんたちがはじめて合成に成功し、2015年に名前が正式につけられました。由来はもちろん「日本で発見された」からです。すごいことですね！

埼玉県和光市の理化学研究所前にある、ニホニウムのモニュメント。

2
じかんめ

周期表をみてみよう

全部で118種類ある元素を、一定のルールにしたがってならべたものを「周期表」といいます。周期表を見ると、どの元素とどの元素が似た性質をもっているかがわかります。元素についてより深く知るために、周期表の見かたをマスターしましょう。

01 科学者たちが悩んだ元素のならべかた

元素は、それぞれ個性のある物質です。でも、おたがいに似た性質をもつ元素もあります。

「元素の性質に注目すれば、元素をグループ分けして、わかりやすくならべた一覧をつくれるのでは？」

そのように考えた科学者たちは、さまざまなくふうをこらして、元素のならべかたを考えてきました。

はじめて元素のグループ分けを行ったのは、ドイツの化学者ヨハン・デーベライナーです。デーベライナーは、たがいに似ている3つの元素を3組見つけ、それらを「三つ組元素」と名づけました。

1864年には、イギリスの化学者ジョン・ニューランズが、元素を重い順に並べると、8個ごとに似た性質の元素があらわれることに気づきました。この法則は、音楽のドレミファソラシド（1オクターブ）になぞらえて「オクターブの法則」とよばれました。

元素が音楽に似てるなんておもしろいね〜

元素をらせん状にならべる

1862年、フランスの鉱物学者アレクサンドル・ド・シャンクルトワは「地のらせん」を発表した。元素をらせん状にならべると、性質の似ている元素が縦にならぶというものだったが、説明がむずかしく、ほとんどの人に理解されなかった。

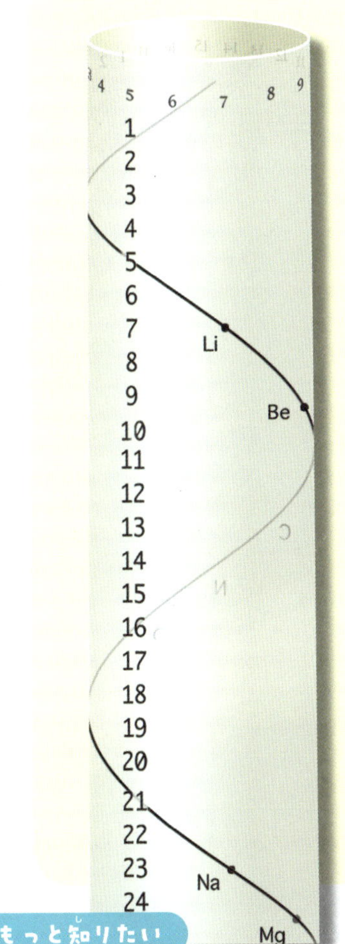

オクターブの法則

最初の元素から8番目の元素が最初の元素に似ているという法則。しかしこの法則は重い元素にはあてはまらず、認められなかった。

三つ組元素

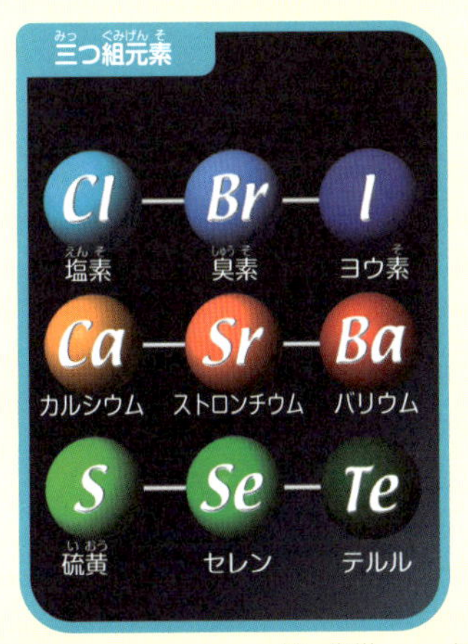

デーベライナーは、1829年に発見された臭素の性質が、塩素とヨウ素に似ていることに気がついた。さらにカルシウム・ストロンチウム・バリウムと、硫黄・セレン・テルルの性質が似ていることに気づいた。

もっと知りたい

オクターブの法則の図のGは現在のBe、Boは現在のBにあたる元素記号。

02 カードゲームをヒントに周期表がつくられた

今ある周期表に近いものを最初に考え出したのは、19世紀のロシアの化学者ドミトリ・メンデレーエフでした。

メンデレーエフは、趣味のカードゲームをヒントにすることを思いつきました。カードに元素の名前と元素の重さ(原子量)を書きとめ、似た性質をもつ元素のグループをつくりながら、元素をならべていったのです。そうして何度もならべるうちに、ついに「周期表」が完成しました。

メンデレーエフの周期表のすぐれていた点は、元素をならべるときに、あてはまる元素がないところは空欄のままにしたことでした。そして「そこにはまだ見つかっていない元素があるはずだ」と予言したのです。

実際に、当時はまだ発見されていなかった「スカンジウム」「ガリウム」「ゲルマニウム」の3つの元素が、メンデレーエフが生きている間に見つかりました。

	I	II	III	IV	V	VI	VII	VIII		
1	H =1									
2	Li =7	Be =9.4	B =11	C =12	N =14	O =16	F =19			
3	Na =23	Mg =24	Al =27.3	Si =28	P =31	S =32	Cl =35.5			
4	K =39	Ca =40	? =44	Ti =48	V =51	Cr =52	Mn =55	Fe =56	Co =59	Ni =59
5	Cu =63	Zn =65	? =68	?* =72	As =75	Se =78	Br =80			
6	Rb =85	Sr =87	Yt =88	Zr =90	Nb =94	Mo =96	? =100	Ru =104	Rh =104	Pd =106
7	Ag =108	Cd =112	In =113	Sn =118	Sb =122	Te =125	J =127			
8	Cs =133	Ba =137	Di =138	Ce =140	?	—	?	—	—	—
9	—	—	—	—	—	—	—			
10	?	—	Er =178	La =180	Ta =182	W =184	—	Os =195	Ir =197	Pt =198
11	Au =199	Hg =200	Tl =204	Pb =207	Bi =208	—	—			
12	?	—	—	Th =231	—	U =240	—	—	—	—

1870年にドイツの学術雑誌に掲載された周期表をもとに作成。

メンデレーエフの周期表

メンデレーエフは、周期表の中に空欄をつくって未知の元素を予言した（「?」の部分）。たとえば、「チタン」の下（*部分）にはまだ発見されていない元素が入るとし、重さ（原子量）や密度、性質を予言した。実際に、ほぼ予言どおりの元素「ゲルマニウム」が見つかった。

ドミトリ・メンデレーエフ

もっと知りたい

メンデレーエフの大学の講義は独創的でおもしろく、教室はいつも満員だった。

03 元素のならびかたを決める番号がある

ここからは、いよいよ周期表の見かたを紹介していきます。現在の周期表は、「原子番号」の順番に元素がならべられています。

原子番号とは、元素の種類を示す番号で、原子番号が大きいほど重い元素といえます。

22ページで、元素の粒である「原子」は、「原子核」と、原子核のまわりを飛びまわる「電子」でできていることを紹介しました。さらに原子核は、プラスの電気をおびた「陽子」と、プラスでもマイナスでもない中性の「中性子」でできています。

原子核にふくまれる陽子の数は、元素によってちがいます。そして、この「陽子の数」が「原子番号」なのです。たとえば、原子番号「1」の「水素」の原子核にふくまれる陽子の数は1個です。原子番号「8」の「酸素」の原子核には8個の陽子がふくまれています。

原子は決まった数の陽子をもつ

元素ごとに陽子の数が決まっている。これを原子番号という。たとえば、水素の原子核は1個、酸素の原子核は8個の陽子をもっている。周期表では、この原子番号順に元素がならんでいる。

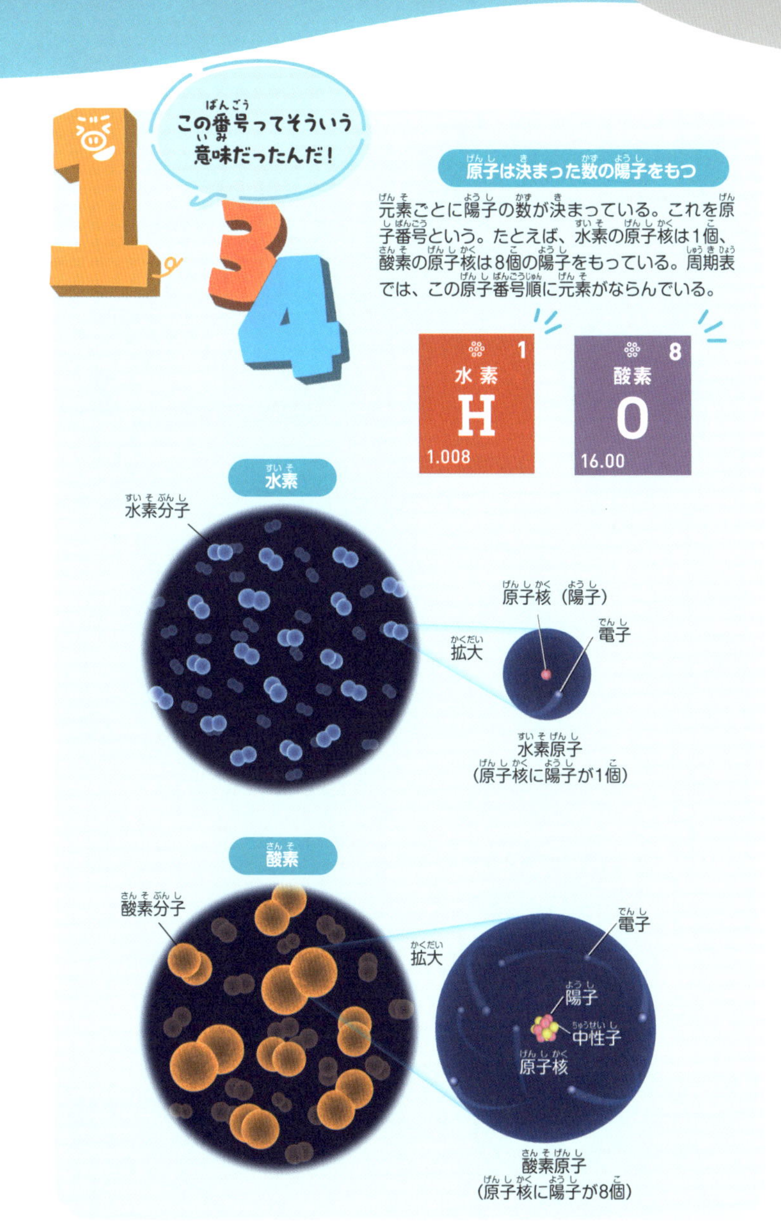

もっと知りたい

メンデレーエフの周期表ができた当時は、原子番号という考えかたはなかった。

04 元素の下に書いてある数字は何？

周期表では、原子番号（↓46ページ）のほかにも数字が書いてあることがあります。これは「原子量」といって、原子（元素の粒）の重さをあらわすものです。

たとえば「ネオン」の原子は、陽子10個と中性子10個と電子10個からできています。電子の重さは無視できるほど軽く、陽子と中性子の重さはほぼ同じです。陽子や中性子の重さを「1」とすると、ネオン原子の重さは「20」になりそうです。

ところが、周期表に書かれたネオンの原子量は「20・18」。ずいぶん中途半端ですね。

じつは、原子には、陽子の数は同じで中性子の数だけがちがうものが存在します。これを「同位体」とよびます。中性子の数がちがうと、重さもかわってきます。周期表に書かれている原子量は、バラバラの重さをもつ原子の平均値なのです。

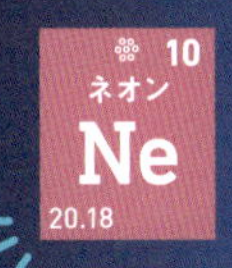

ネオン原子

空気中から分離したネオンの気体

原子を重さごとに分けてならべる

ネオンは3種類の重さの原子を含む

ネオン原子にふくまれる同位体を重さごとに分けると、下のようになる。約9割は質量数（陽子と中性子の合計数）が「20」の原子だが、重さのことなる同位体が2種類ふくまれている。これらの割合のちがいを反映させて、ネオン原子の重さの平均値をとったものが、ネオンの原子量（20.18）となる。

陽　子　10個
中性子　10個

ネオンの同位体1
質　量　数：20
天然存在比：90.48%

陽　子　10個
中性子　11個

ネオンの同位体2
質　量　数：21
天然存在比：0.27%

陽　子　10個
中性子　12個

ネオンの同位体3
質　量　数：22
天然存在比：9.25%

もっと知りたい

「質量数」とは、原子量とは別に、陽子と中性子の数を足し合わせた値。

すぐにこわれてしまう元素の粒がある

前のページで、原子（元素の粒）には「同位体」が存在することを紹介しました。同位体のなかには、放射線を出しながらすぐに別の元素に変化してしまう（崩壊する）ものがあります。それが放射性同位体です。

放射性同位体が崩壊してしまうケースはいくつかあります。

たとえば、原子核にふくまれる陽子や中性子の数が多すぎて、原子核が不安定な状態にある場合です。このとき、原子核は安定した状態になろうとして、陽子が中性子に変化したり、中性子が陽子に変化したりします。これを「ベータ崩壊」といいます。

それに加え、原子核から陽子2個と中性子2個のかたまり（ヘリウムの原子核）を放出することもあります。これを「アルファ崩壊」といいます。

放射性同位体が崩壊をおこして、もとの個数の半分になるまでの時間を「半減期」といいます。

放射性同位体が
崩壊すると別の元素に
なっちゃうみたい！

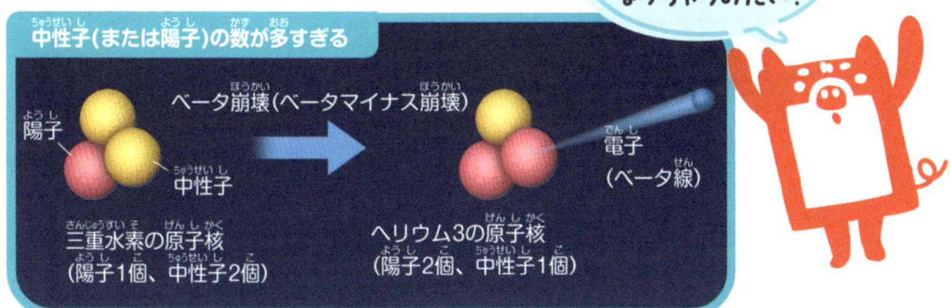

水素の同位体である三重水素の原子核は、陽子1個と中性子2個でできている。中性子の数が多すぎるので、中性子1個が陽子1個に変化する。このとき、電子が1個出る。これを「ベータ崩壊」という。三重水素は「ヘリウム3」というヘリウムの同位体になる。

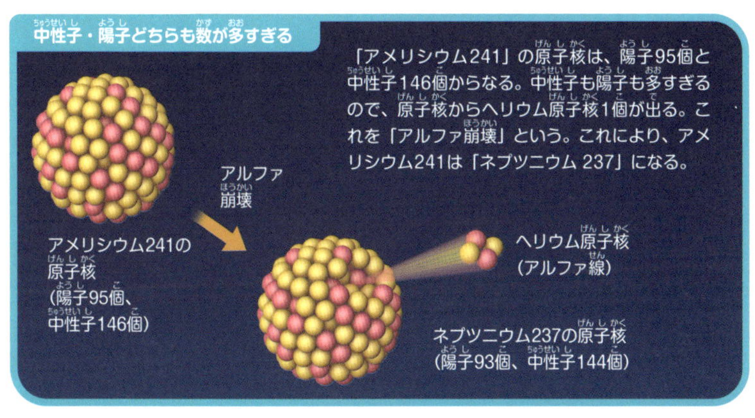

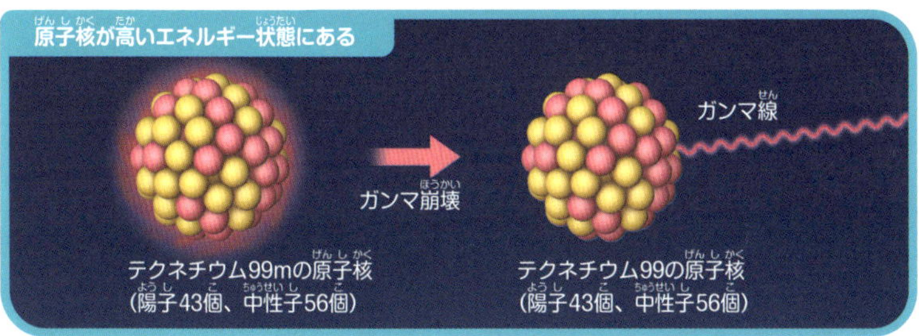

「テクネチウム99m」は、原子核が高いエネルギー状態にある放射性同位体。原子核からガンマ線を出しながら、エネルギーが低い状態になろうとする。これを「ガンマ崩壊」という。

もっと知りたい

放射線は、DNAを傷つけることで細胞をがん化・死滅させるおそれがある。

06 2つに分かれようとする元素を利用した原子力発電

原子核は、中性子の数が多すぎると崩壊することを、前のページで紹介しました。この性質を発電に利用したのが、原子力発電です。

原子力発電では、「ウラン」という元素の粒（原子）を主成分にした核燃料を使います。核燃料にふくまれる「ウラン235」の原子核に中性子をぶつけると、2つに分裂し、中性子が2〜3個出てきます。このときに発生する大きなエネルギーを使って発電しているのです。

ウラン235が分裂してもとの1％くらいまでに減ると、その核燃料は使用済みとなり、化学的処理によって「高レベル放射性廃棄物」となります。

高レベル放射性廃棄物は、大量の放射性同位体がふくまれているので、環境や生物にとってとても危険な物質です。この放射線の量が十分に減るには、およそ10万年以上の時間が必要とされています。

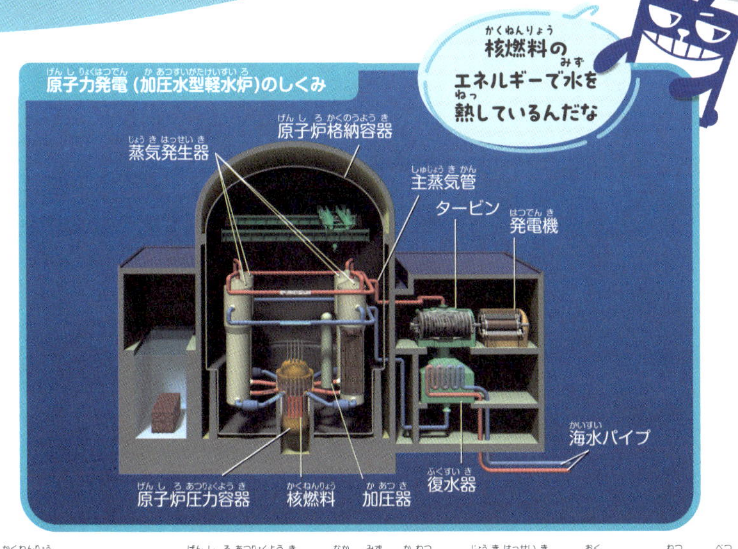

核燃料のエネルギーで、「原子炉圧力容器」の中の水を加熱し、「蒸気発生器」に送る。この熱で、別の配管を流れる水を沸騰させて水蒸気をつくり、その水蒸気を「主蒸気管」に送ってタービンを回転させ、電気を発生させる。その後、水蒸気は「復水器」の別の配管を流れる海水によって冷やされ、水にもどる。海水は「海水パイプ」を通って復水器に入り、水蒸気の熱を受け取ったあとは海にもどされる。

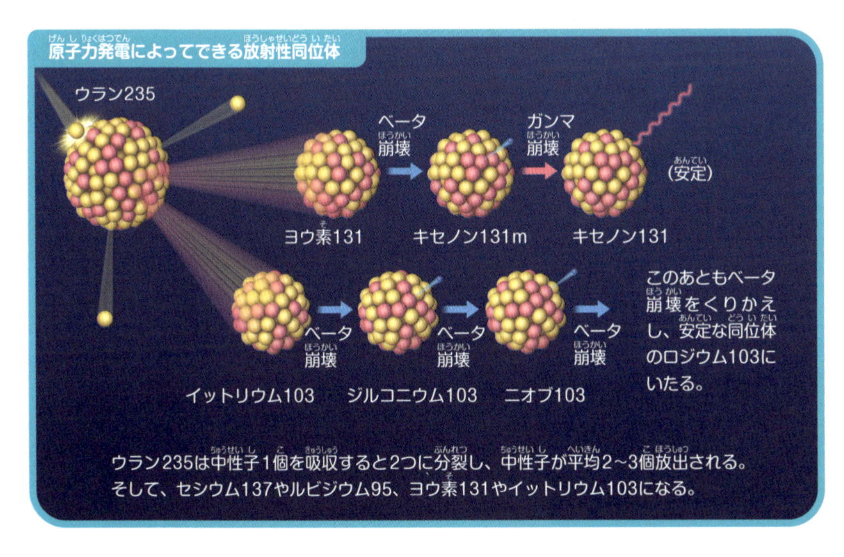

もっと知りたい

日本では、高レベル放射性廃棄物は、300メートル以上の地下に埋めて処理される。

やすみじかん

炭素を調べると過去のことがわかる

50ページで紹介した、放射性同位体が崩壊して半分の量になる「半減期」の長さは、放射性同位体ごとに決まっています。ものにふくまれる放射性同位体の割合を調べると、過去の出来事がいつおきたのかを推理することができます。

たとえば、大むかしの貝殻などが発掘されたとして、その貝殻に「炭素14」という放射性同位体がどれだけ残っているかを調べると、その貝がいつごろまで生きていたのかを知ることができます。

炭素14の半減期は、約5730年です。大気中の炭素にふくまれる炭素14の割合にくらべ、貝殻の炭素にふくまれる炭素14の割合がもし半分だったとしたら、その貝殻は5730年前のものということになるのです。こうした方法を「炭素14年代測定法」といいます。

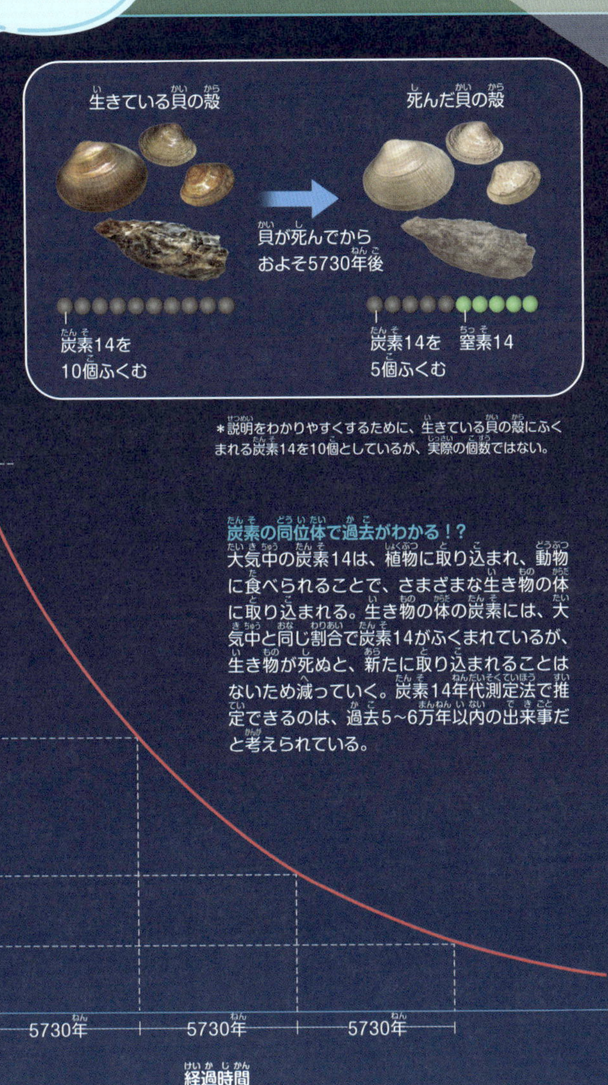

炭素の同位体で過去がわかる！？

大気中の炭素14は、植物に取り込まれ、動物に食べられることで、さまざまな生き物の体に取り込まれる。生き物の体の炭素には、大気中と同じ割合で炭素14がふくまれているが、生き物が死ぬと、新たに取り込まれることはないため減っていく。炭素14年代測定法で推定できるのは、過去5～6万年以内の出来事だと考えられている。

07 元素の個性を決めているのは何？

ここまでは、原子核を構成する「陽子」や「中性子」に注目して、元素の性質について紹介してきました。しかし、元素の個性を本当に決めているのは「電子」です。

電子は、原子核のまわりを飛びまわっています。でも、自由に移動しているわけではなく、原子核のまわりの「電子殻」におさまって、あくまでもその中を飛びまわっているにすぎないのです。

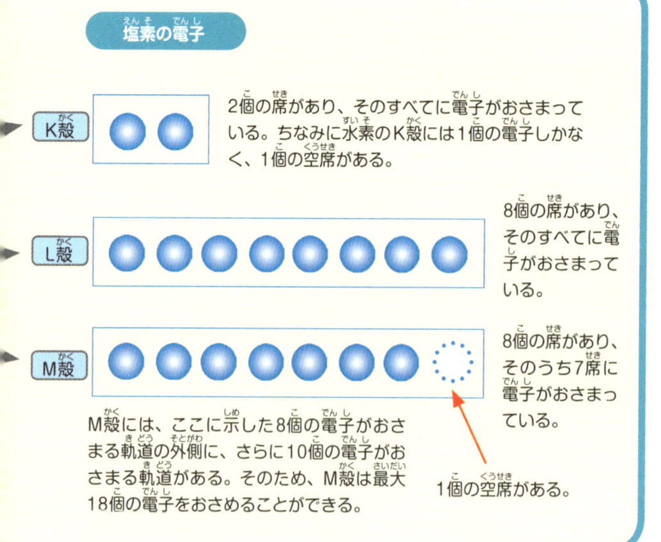

塩素の電子
K殻
L殻
M殻
2個の席があり、そのすべてに電子がおさまっている。ちなみに水素のK殻には1個の電子しかなく、1個の空席がある。
8個の席があり、そのすべてに電子がおさまっている。
8個の席があり、そのうち7席に電子がおさまっている。
1個の空席がある。
M殻には、ここに示した8個の電子がおさまる軌道の外側に、さらに10個の電子がおさまる軌道がある。そのため、M殻は最大18個の電子をおさめることができる。

電子殻は層のような構造になっていて、原子核に近いほうからK殻、L殻、M殻、N殻……と名前がついています。それぞれの殻に入ることのできる電子の数（定員数）は決まっており、外側の電子殻ほど定員数が多くなります。

さて、元素によって電子の数はちがいます。電子が入っている最も外側の電子殻は「最外殻」とよばれ、そこに入っている電子が、その元素の性質を決める重要なはたらきをします。

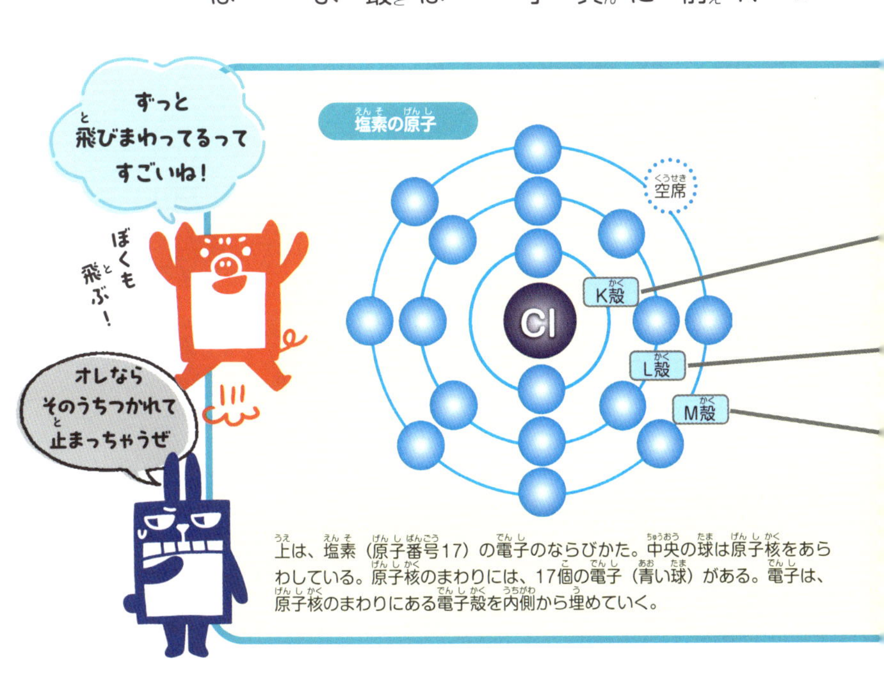

上は、塩素（原子番号17）の電子のならびかた。中央の球は原子核をあらわしている。原子核のまわりには、17個の電子（青い球）がある。電子は、原子核のまわりにある電子殻を内側から埋めていく。

もっと知りたい

電子の数は、陽子の数と同じなので、原子番号は電子の数をあらわすともいえる。

08 元素の名前はどうやってつけられたか

40ページで、「日本」から名前がとられた元素「ニホニウム」の話を紹介しました。元素の名前の由来は、地名や人の名前、天体の名前、神さまの名前、原料の名前などさまざまです。

なかでも注目したいのが、「イットリウム」「テルビウム」「エルビウム」「イッテルビウム」の4つです。これらはすべてスウェーデンにあるイッテルビーという小さな村の名前が元になっているのです。地名に由来する名前をもった元素はほかにもありますが、4つの元素名が1か所に集中している例はほかにありません。

1794年、フィンランドの化学者ヨハン・ガドリンが、この村から産出した鉱物を分析して、新元素イットリウムをふくむ化合物を発見しました。その後、多くの化学者がこの化合物を分析したところ、テルビウムとエルビウムが発見され、その後さらにイッテルビウムが発見されました。

元素の名前の由来

プロメチウム

人間に火を与えたとされるギリシャ神話の神「プロメテウス」が由来。核燃料として使われ「第二の火」ともよばれる「ウラン」の核分裂によって生まれたためこの名がつけられた。

ヒ素（アルセニック）

黄色の顔料「雄黄」のギリシャ語「アルセニコン」から名づけられた。アルセニコンは、ヒ素と硫黄の化合物。

93 ネプツニウム Np (237)

天王星　海王星　冥王星

92 ウラン U 238.0

94 プルトニウム Pu (239)

ウラン・ネプツニウム・プルトニウム

それぞれ太陽系の天王星（ウラノス）・海王星（ネプチューン）・冥王星（プルート）にちなんで名づけられた。

40 ジルコニウム Zr 91.22

ジルコニウム

ジルコニウムがふくまれる宝石「ジルコン」から名づけられた。「ジルコン」はアラビア語で「金色の」という意味。

1か所から4つも元素が見つかった

「イットリウム」「テルビウム」「エルビウム」「イッテルビウム」の4つは、スウェーデンのイッテルビー村で見つかった黒い鉱石「ガドリン石」から見つかりました。ガドリン石は、今でもほかではあまり見つからないめずらしい石です。

65 テルビウム Tb 158.9

70 イッテルビウム Yb 173.0

小さな村が科学的大発見の舞台になったんだな

ロマンだぜ〜

もっと知りたい

地球（ラテン語で「テラ」）が由来の「テルル」という元素もある。

やすみじかん

「悪魔」の名前をもつ元素

15世紀、鉱山で働く人たちを悩ませていた鉱物がありました。見た目は赤褐色で、銅がとれる鉱石に似ているのに、精錬しても銅が取り出せないのです。その鉱石は「悪魔の銅」とよばれました。

その悪魔の銅から発見された元素が「ニッケル」です。ニッケルは、ドイツ語で「悪魔の」という意味です。

元素の名前っておもしろいよな

本当に悪魔がいたわけじゃなくてよかった～

鉱山ではたらく人たちは、赤褐色の鉱物から銅を取り出せないことを悪魔のしわざだと考え、ドイツ語で「クッフェルニッケル（悪魔の銅）」とよんだ。1751年に、その鉱物(紅砒ニッケル鉱)から新元素「ニッケル」が発見された。

3

じかんめ

元素のほとんどは金属

「金属」といえば、金、銀、銅、鉄などを思い浮かべる人が多いでしょう。それ以外にも、たくさんの金属の元素があります。そして、118種類ある元素のほとんどは金属なのです。「金属」とはいったい何なのか、そのひみつにせまります。

キラキラだね〜

01 周期表の5分の4は「金属」の元素

みなさんのまわりには、さまざまな「金属」がありますね。実は、元素のおよそ5分の4は金属なのです。

金属の特徴の1つとして、「薄く、または細長くのばすことができる」ことがあげられます。確かに、金属はたたいても割れにくいイメージがありますね。これはなぜでしょうか?

固体の金属は、たくさんの原子(元素の粒)の最外殻(↓56ページ)どうしが重なり合うようにして結びついています。

さらに、金属の原子は、最外殻にある電子を外に出しやすいという性質があります。外に出た電子は、重なり合った最外殻の部分を自由に動きまわります。

この最外殻を自由に動く電子(自由電子)の電気の力で、金属原子どうしの結びつきは強くなります。だから、金属はたたいても割れにくく、のばすことができるのです。

金属の結晶

金属の結晶の中では、原子が規則正しくならんで結びつき、最外殻を伝って自由電子が動きまわっている。これにより、バラバラになろうとする原子どうしを結びつけている。イラストは「金」の結晶のイメージ。

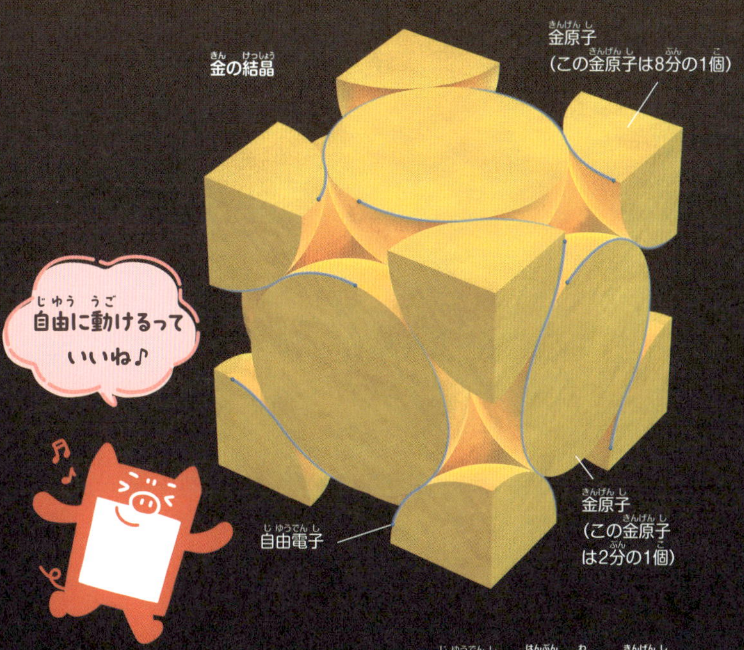

いちばん外側の電子が自由になる

「金」の原子は、最外殻（いちばん外側の電子殻）の電子が1つしかない。だから、安定な状態になろうとして、この電子を放出しやすい。原子はもともと中性だが、電子を放出するとプラスの性質になる。原子のこの状態を「陽イオン」という。

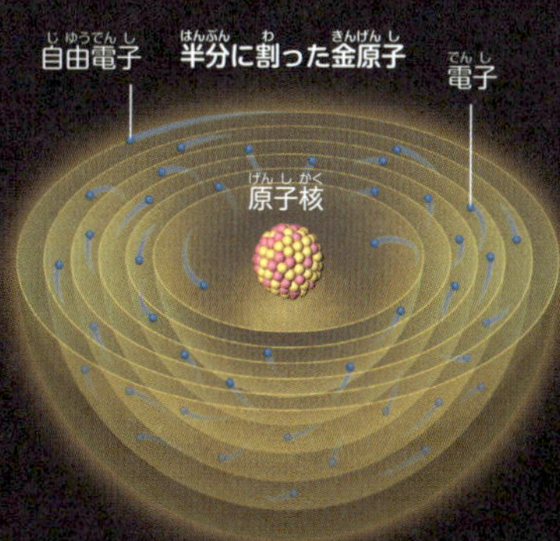

もっと知りたい

塩素の原子などは、最外殻に電子を余分に取り込みやすい（陰イオンになりやすい）。

02 のびやすい金属とのびにくい金属がある

金属が薄くのびる性質を「展性」、細長くのびる性質を「延性」といいます。なかでも「金」はとくにのばしやすい金属で、厚さ1万分の1ミリメートルの薄い金箔にすることができます。また、1グラムの金を細長くのばすと、およそ3200メートルまで長くすることができるそうです。

ふつう、元素の結晶は、強い力を加えられると原子どうしの結びつきが解かれる、つまり割れてしまいます。でも金属の結晶は、「この方向へなら力を加えられても大丈夫」という方向をいくつかもっています。その方向へなら、たとえ原子どうしの結びつきが解かれても、自由電子がすぐに移動して新しい結びつきをつくってくれるのです。その結果、金属はたたかれても割れにくく、のびやすいというわけです。

とくに金の原子は、その「大丈夫な方向」をたくさんもつため、ものすごくよくのびるのです。

自由自在の組体操みたいだね！

のびやすい金属の特徴

金属に力を加えてもなかなか割れないのは、原子の位置関係がずれても、自由電子がすぐに移動して原子どうしの新しい結びつきをつくるためだ。結晶がずれてもOKな面を「すべり面」、結晶がずれてもOKな方向を「すべり方向」という。この2つが多いほど、のびやすい金属ということになる。

飾りとして活躍する「金箔」

金を薄くのばしたものを金箔といいます。お茶碗や工芸品、絵などに使われたりしています。建物全体に金箔をはった金閣寺も有名ですね。また、金は食べても体に害はないので、カステラなど食べ物の飾りとして使われることもあります。

もっと知りたい

「銀」の結晶も、金と同じくらいのびやすい。

03 金属がキラキラしているのはなぜ?

金属の表面には、独特な「キラキラ」「ツヤツヤ」した質感があります。だから私たちは、一目で「金属っぽいもの」を見分けることができますね。

この「キラキラ」「ツヤツヤ」は、正確には「金属光沢」とよばれています。

まず「光」とは、簡単にいうと「エネルギーの振動」によってできています。金属の結晶にふくまれる自由電子は、光を受け取ると、その光と同じ振動数(1秒間に振動する回数)で振動します。すると、その光はいったん打ち消されますが、今度は振動している電子が光を放ちます。この光は、打ち消した光と同じ振動数をもちます。つまり、打ち消した光のコピーです。これが「金属光沢」の正体です。

さらに、金属によっては、一部の色の光をつくり出すことができません。たとえば金は、青色や緑色の光をつくれないので、黄色っぽい光を放つのです。

金の「キラキラ」の正体

金属の表面に光が来ると、自由電子が光と同じ振動数で振動する。自由電子は光のほとんどを打ち消すと同時に、同じ振動数の光をつくり出して放つ。イラストは「金」のイメージ。金の自由電子は、青色や緑色の可視光線を打ち消したりつくり出したりすることができないため、これらの光は原子の内側にある電子に吸収され、黄色や赤色の光を放つ。だから、私たちの目には金が“金色”に映る。

※イラストでは金の原子に光沢があるようにえがいているが、原子自体に色はない。

もっと知りたい

銀はすべての色の光をつくりだせるので白っぽい光を放つ。

04 金属は熱や電気をよく通す

金属の特徴の1つとして「熱をよく通す」ことがあげられます。これは、金属が自由電子をもつためです。

物質に熱を加えると、原子（元素の粒）が熱のエネルギーを吸収してはげしく動きます。この原子のはげしい動きが、まわりの原子に伝わっていくことで、熱が伝わっていきます。金属は、原子に加えて自由原子もはげしく動くの

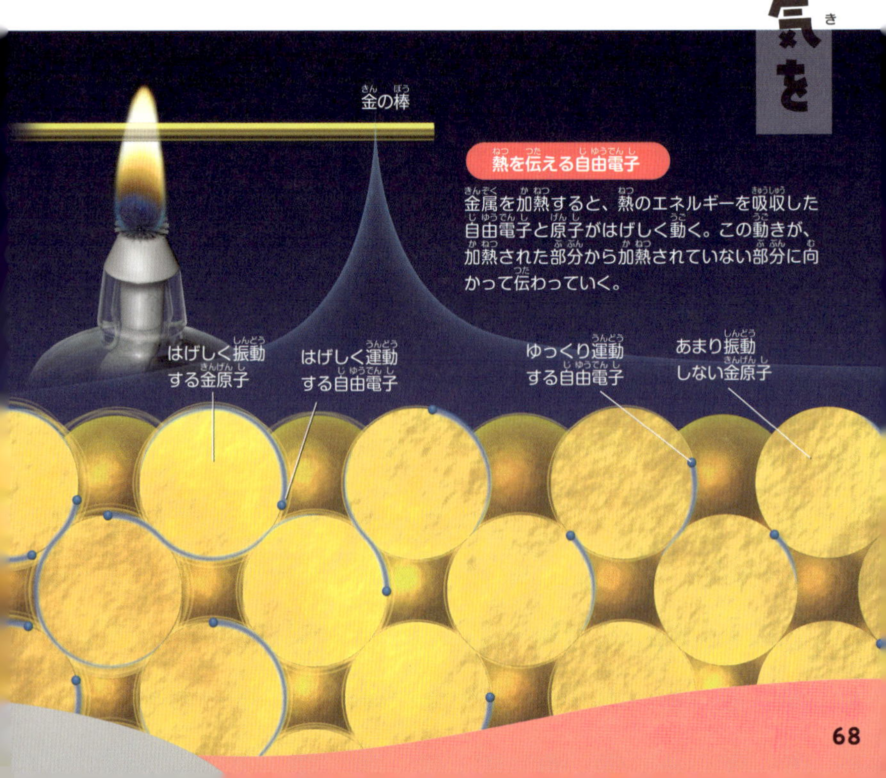

で、より効率よく熱が伝わるのです。

また、金属は電気もよく伝えます。これにも自由電子がかかわっています。

金属の導線を電池につないで電圧をかけると、金属の自由電子がマイナス極からプラス極に向かって移動します。実は、この自由電子の流れが、電流の正体なのです。ただし、電流の向きは電子の流れの向きと逆になります。

ちなみに、電気と熱を最もよく伝える金属は「銀」です。

電気を伝える自由電子
自由電子はマイナス極からプラス極に向かって、左から右へと移動している。このとき、電流はプラス極からマイナス極に向かって流れたということになる。
Newton
金の板
左から右に移動する自由電子
金原子
ややこしい～
なんで電子と電流の向きが逆なの？
そういう決まりだからしかたないんだぜ

もっと知りたい

ダイヤモンドは、金属より効率よく熱を伝える。

05 金属の溶けやすさを決めるもの

水は、0℃まで冷やすと氷になります。逆に、氷は0℃以上になるととけて水になります。このように、固体が液体にかわる温度のことを「融点」といいます。

融点は、物質によってことなります。ポイントは、原子（元素の粒）の結びつきの強さです。結びつきが弱いと、低い温度でも原子どうしがはなれて液体になりやすいので、融点が低くなります。結びつきが強いと、なかなか原子がバラバラにならないので、融点が高くなります。

金属で最も融点が高いのは、タングステンの3422℃です。タングステンは、最外殻だけでなく、その1つ内側の電子殻にも〝空席〟があります。だから、内側の電子殻の電子も自由電子になります。自由電子が多くなるということは、金属原子どうしの結びつきが強くなるということです。だから、融点が高くなるのです。

融点を決めるのは自由電子の数

金属のなかで最も融点が低い「水銀」と、最も高い「タングステン」の電子のならびかたを示した。水銀の融点はマイナス39℃ほどだ。最外殻以外は定員まで電子が入っているため、水銀の自由電子は最外殻にある電子だけになる。一方、タングステンは最外殻から1つ内側の電子殻に“空席”がある。そのため、最外殻だけでなく、1つ内側の電子殻からも自由電子が出る。

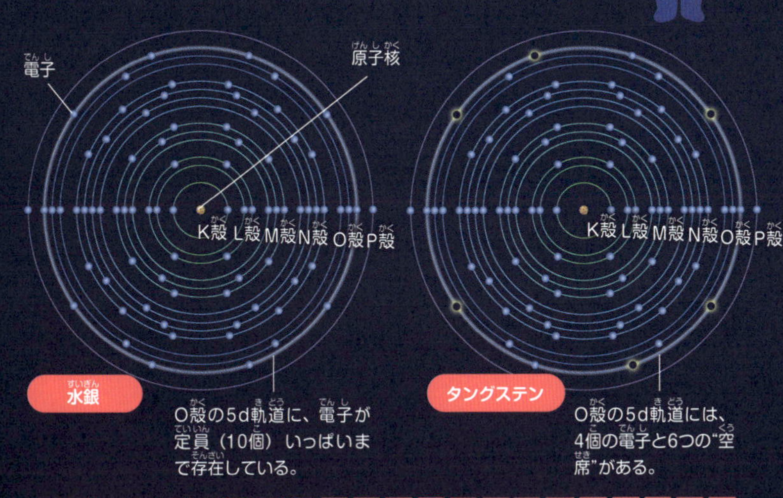

融点は高いほうがいい？

融点が高い金属は、原子どうしの結びつきが強いためじょうぶです。「それなら金属製品はすべてタングステンでつくればいいのでは？」と思う人もいるかもしれませんね。でも、融点が高い金属は、かたいのでけずったり曲げたりするのも大変ですし、高温にできる大きな溶鉱炉も必要です。融点が高いほど、加工するのもむずかしくなるのです。

もっと知りたい

金属の融点は、自由電子だけでなく、陽子の数などによってもかわるようだ。

06 鉄が磁石にくっつくわけ

金属といえば、「磁石がくっつく」というイメージがあるかもしれません。でも実際は、磁石によくつく金属は「鉄」「コバルト」「ニッケル」「ガドリニウム」の4種類しかありません。なぜ、磁石によくつく金属とつかない金属があるのでしょうか。

実は、磁石によくつくのは、その金属自身が強い磁石になることができる金属なのです。たとえば、鉄に磁石を近づけると、その鉄は一時的に磁石になります。

鉄の原子（元素の粒）は、1個1個が磁石のようにN極とS極をもっています。ただし、N極とS極の向きが「磁区」とよばれる小さい領域の中だけでしかそろっていないため、鉄は全体としては磁気をおびていません。

ところが、磁石が鉄に近づくと、原子のN極とS極の向きがそろいます。その結果、鉄は全体に磁気をおびた磁石になるのです。

鉄はなぜ磁石につく？

鉄原子はそれぞれ小さな磁石で、通常は磁区の中だけでN極とS極の向きがそろった状態だ。磁区の磁気はたがいに打ち消しあうため、鉄は全体としては磁気をおびていない。しかし磁石を近づけると、鉄原子のN極とS極の向きがそろい、全体としても磁気をおびた磁石になる。

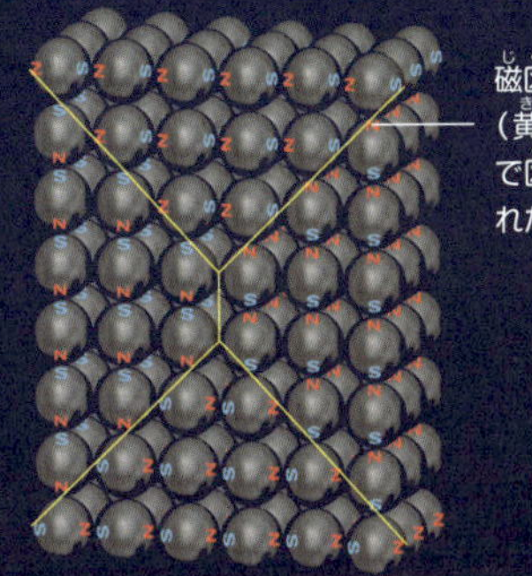

磁区（黄色の線で区分けされた領域）

鉄原子

鉄原子のS極

鉄原子のN極

鉄はN極とS極の電子の数がちがう

このイラストでは、電子のS極とN極をオセロのように裏表であらわしている。鉄の原子は、N極が上を向いた電子と、S極が上を向いた電子の数がことなる。この数のかたよりが、鉄原子を磁石にかえる。これに対して、たとえば銅の原子は、N極が上を向いた電子と、S極が上を向いた電子の数が同じため、全体としては磁気をおびず、磁石につかない。

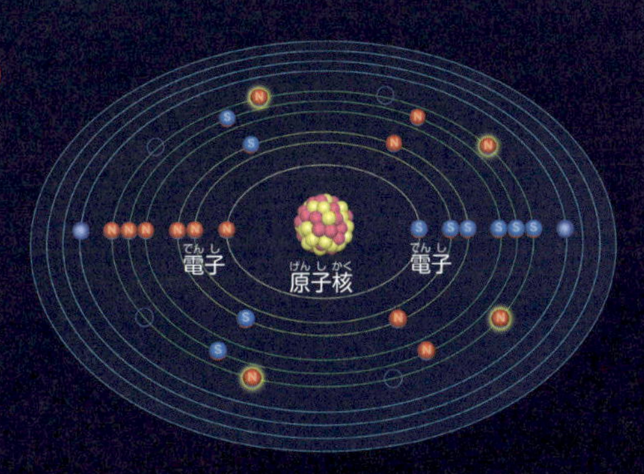

もっと知りたい

ガドリニウムは、20℃以下で磁石によくつくようになる。

07

電池に使われている元素のひみつ

68ページで、金属が電気をよく通すことや、電流の正体が自由電子の移動であることを紹介しました。
原子（元素の粒）は、電子を放出するとプラスの電気をおびます。この状態を「陽イオン」といいます。「陽イオンへのなりやすさ」は、元素によってことなります。だから、2種類の金属をつないで電解液（金属を陽イオンにさせやすくする液）にひたすと、より陽イオンになりやすい金属（マイナス極）からなりにくい金属（プラス極）に向かって電子が移動して、電流が流れます。
こうした金属の性質を利用して、電気を発生させるのが「電池」です。左ページで、みなさんがよく使うマンガン乾電池の中身を紹介しています。
「イオン」というのは、電子を放出して陽イオンになった元素です。さまざまなイオンのはたらきによって、効率よく電流が流れるのです。

マンガン乾電池の中身

亜鉛の容器の中に、電解液（金属をイオンにしやすくする液体）をのりでペースト状にして、二酸化マンガンと黒鉛の粉末をかためたものが入っている。プラス極とマイナス極を導線で結ぶと、マイナス極では亜鉛がイオンとなり、電解液に溶け出す。マイナス極に残された電子は導線を伝ってプラス極へ流れていく。電解液の中では、亜鉛イオンとアンモニウムイオンがプラス極へ移動し、塩化物イオンがマイナス極へと移動する。こうして導線に電流が流れる。

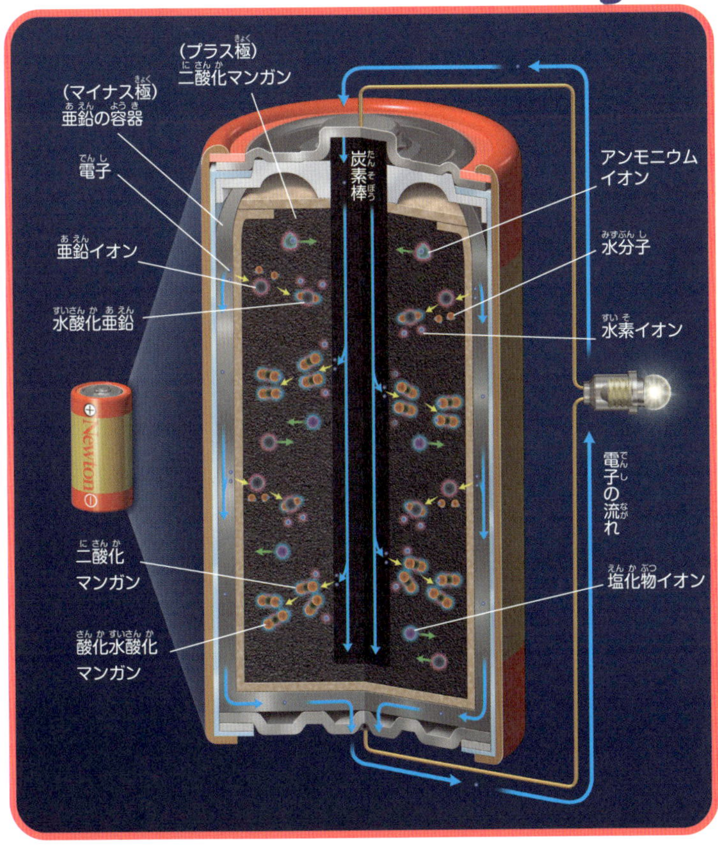

もっと知りたい

本来は液体の電解液をかためて“乾いた”状態にしているので「乾電池」という。

やすみじかん

「金属」と「金属ではない」の中間の元素

ここまで、金属のさまざまな性質をみてきました。68ページでは、金属の性質の1つとして、「電気が伝わりやすいこと」を紹介しています。

ただし、電気の伝わりやすさだけを基準にすると、金属と非金属（金属ではない元素）の“中間”のような性質をもつ元素が出てき

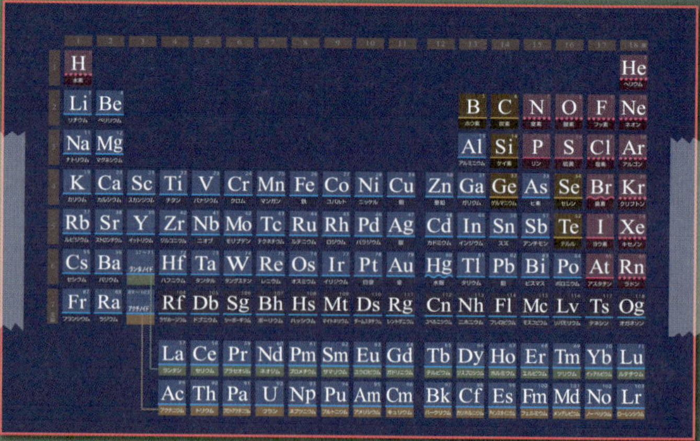

電気の伝わりやすさを色分けで示した周期表。青が電気をよく伝える（導体）、紫が電気を伝えにくい（絶縁体）、茶色が「半導体」。

※色分けは宇宙航空研究開発機構（JAXA）の岡田純平さん（所属は当時）の2015年4月の研究発表「ホウ素は融けると金属になる?」を主に参照。

ます。

たとえば「ゲルマニウム」は、金属と非金属の中間である「半金属」に分類されている元素です。たいていの金属は低温になるほど電気を伝えやすくなりますが、ゲルマニウムは高温になるほど電気をよく伝えます。

ゲルマニウムのように、条件によって電気を通したり通さなかったりする元素や化合物は「半導体」とよばれます。

半導体を材料に用いた電子部品のことも「半導体」とよばれることが多い。半導体は、ふだんは電気を通さず、加熱したり光を当てたりすると電気を通すような物質だ。そのため、電気を精密に制御する家庭用電気器具などに使われている。

08 レアな金属が私たちの生活を支えている

「レアメタル」という言葉を聞いたことはありませんか? レアメタルとは、何らかの理由により、めずらしい希少なものとなっている金属などを指します。日本の経済産業省は47種類の元素をレアメタルに定めています。このほかにも、研究者がレアメタルとしている元素もあります。

希少な理由は元素によってことなります。たとえば、インジウムやレニウムなどは、そもそも存在している量が少ない元素です。

そんなに少ないわけではないのに、レアメタルに分類される元素もあります。まとまって産出しにくい元素や、鉱石から取り出すのに時間や手間のかかる元素です。

レアメタルは、現代の産業には欠かせません。たとえば、スマートフォンの「リチウムイオン電池」には「リチウム」が、車の排気ガス浄化装置には「白金」が使われています。

豊富にあるがまとまって産出しない元素

レアメタルは、地面に埋まっている量が少ないため希少となっている。ただし、量が豊富でもレアメタルに分類される元素もある。たとえば「バナジウム」は「銅」より多い。しかし、地中に広く薄く存在するため、一度にたくさんの量を入手しにくい。そのため、バナジウムはレアメタルとされる。

周期表で見るレアメタル

経済産業省の定めている47元素に、研究者の多くが認める7つの元素（★）を加えた54元素をレアメタルとして色分けした。

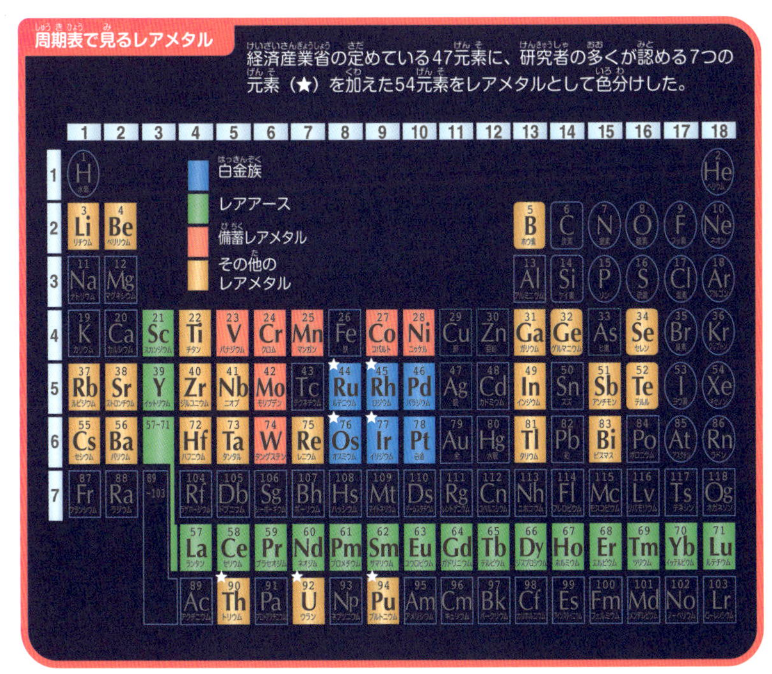

もっと知りたい

アルミニウムも、かつては鉱石から取り出すのがむずかしく、レアメタルだった。

09 とれるところが少ない とくにレアな金属

レアメタルのなかでも、スカンジウム、イットリウムと、15種類ある「ランタノイド」とよばれる元素は、「レアアース（希土類元素）」とよばれています。

レアアースは、電磁波を吸収して光を出す性質や、磁石の磁力をキープする性質などをもっています。たとえば、イットリウムとネオジムは、強力なレーザー光発生装置の材料として使われています。また、ネオジムとジスプロシウムをふくんだ磁石は、きわめて強力で熱に強い「ネオジム磁石」となります。この磁石は、イヤホンなどの小型のスピーカーから電気自動車のモーターまで、さまざまなものに利用されています。

レアアースは、プロメチウム以外はそれほど希少ではありません。しかし、約90％が中国で採掘されるなど、産地にかたよりがあるため、希少で高価な資源となっているのです。

光を出す金属「ランタノイド」

ランタノイドの1つ「ネオジム」の電子のならびかたを示した。ランタノイドの電子殻は、N殻に“空席”があるにもかかわらず、先に外側のO殻とP殻に電子が入る。N殻の電子が強いエネルギーを受けると、同じ電子殻にある“空席”にはじき飛ばされる。その後、元の位置にもどるときに光(蛍光)を発する。

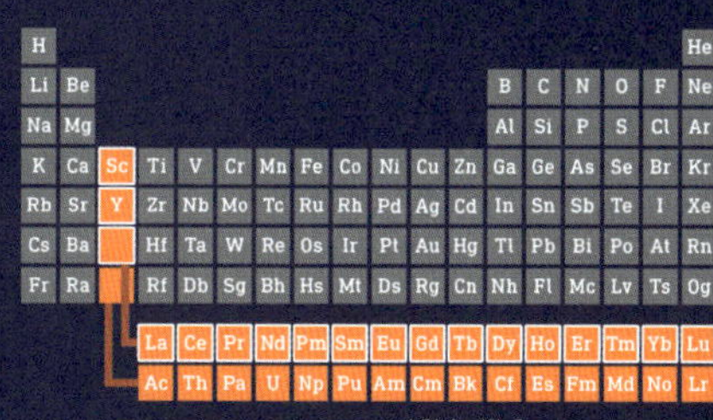

H																	He
Li	Be											B	C	N	O	F	Ne
Na	Mg											Al	Si	P	S	Cl	Ar
K	Ca	Sc	Ti	V	Cr	Mn	Fe	Co	Ni	Cu	Zn	Ga	Ge	As	Se	Br	Kr
Rb	Sr	Y	Zr	Nb	Mo	Tc	Ru	Rh	Pd	Ag	Cd	In	Sn	Sb	Te	I	Xe
Cs	Ba		Hf	Ta	W	Re	Os	Ir	Pt	Au	Hg	Tl	Pb	Bi	Po	At	Rn
Fr	Ra		Rf	Db	Sg	Bh	Hs	Mt	Ds	Rg	Cn	Nh	Fl	Mc	Lv	Ts	Og

La	Ce	Pr	Nd	Pm	Sm	Eu	Gd	Tb	Dy	Ho	Er	Tm	Yb	Lu
Ac	Th	Pa	U	Np	Pu	Am	Cm	Bk	Cf	Es	Fm	Md	No	Lr

白枠の元素が「レアアース」

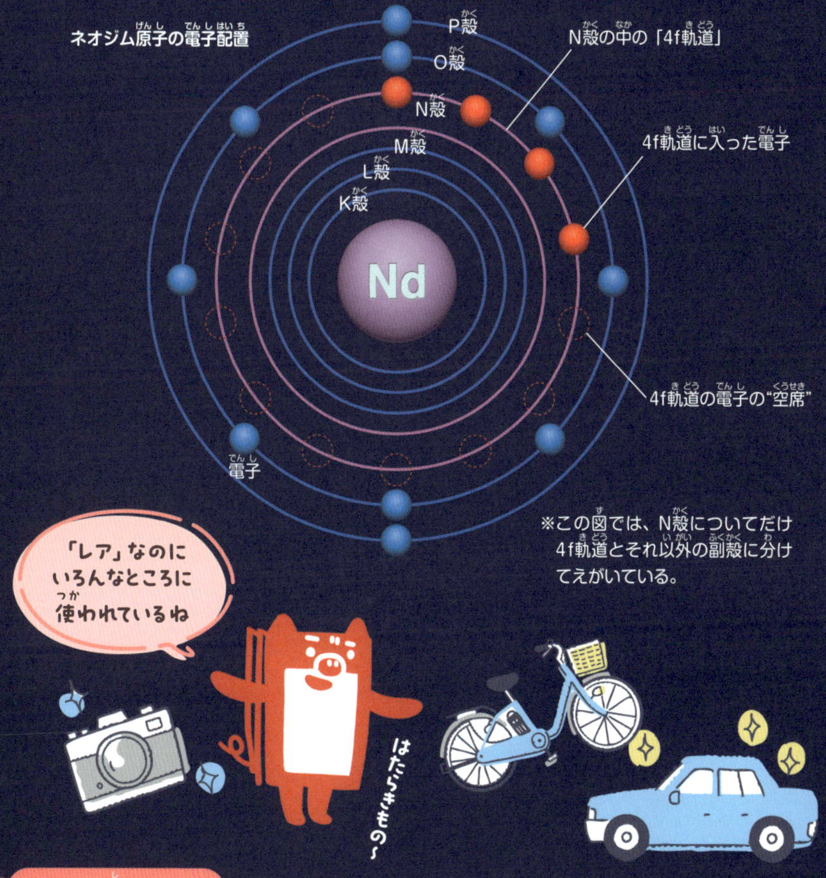

※この図では、N殻についてだけ4f軌道とそれ以外の副殻に分けてえがいている。

もっと知りたい

ランタノイドは「ランタン（元素の名前）に似たもの」という意味。

やすみじかん

周期表から新しい電池をつくる

スマートフォンなどの電池に使われている「リチウム」は、レアメタルなので、今後手に入りにくくなる可能性があります。

そこで注目されたのが周期表です。周期表で縦の列にならんでいる元素は、性質が似ているのです。東京理科大学の駒場慎一さんは、リチウムの列にある「ナトリウム」などを使った電池の開発に成功しました。

ナトリウムイオン電池のしくみ。充電もできる。

4 じかんめ

個性豊かな元素たち

ここからは、元素を1つ1つ紹介していきます。元素は全部で118種類。それぞれに個性があり、特徴や性質がちがいます。みなさんはいくつ覚えられるでしょうか？ 元素についてくわしくなったら、ぜひ身のまわりにどんな元素があるか調べてみてくださいね。

01 「水」という名前なのに燃えやすい「水素」

元素のトップバッターは「水素」です。陽子1個と電子1個という、元素のなかで最もシンプルな構造をしています。この宇宙で最初に生まれた元素であり、すべての元素のもとになった元素でもあります。

水素は、みなさんのまわりにもたくさんあります。いちばん身近なのは、水素と酸素の化合物である「水」です。確かに「水素」という名前には、「水」が入っていますね。英語のhydrogenも、「水を生み出すもの」という意味です。

でも、水素原子だけが集まって水素分子になると、とても燃えやすい気体になります。水のもとになる元素が燃えやすいなんて、ふしぎですね。

水素は、工業にも使われています。たとえば、マーガリンや口紅をかためるのに使われたり、環境にやさしい燃料電池のエネルギーとしても、水素分子が利用されています。

地球が生まれるときも水素がたくさん集まっていたんだろうね！

水素 *hydrogen*

陽子の数	：1
存在する場所	：水、アミノ酸など
融点／沸点	：-259.14℃／-252.879℃
発見年	：1766年
名前の由来	：ギリシャ語の「水(hydro)」を「生じる(genes)」。

1 水素 H 1.008

宇宙にある水素の雲

地球から6500光年はなれたところにある「わし星雲」。紫外線を受けて、雲の中にある原子が光を放っている。画像の黒い部分は、主に水素分子とちりからできた「暗黒星雲」。こうした雲の中で、私たちの太陽系のような惑星系がつくられていると考えられている。

もっと知りたい

天然ガスの主成分である「メタン」は、水素と炭素の化合物。

02 風船を浮かばせる軽い元素「ヘリウム」

ヘリウムは、原子1個で安定して存在する元素です。水素の次に軽い元素で、風船や気球、飛行船を浮かせるガスとして利用されています。気体の水素分子とちがって燃えにくく、火を使う場所でも安全に使えるのが特徴です。

ヘリウムは、私たちが吸っても体に害はありません。おもちゃ屋さんなどに売っている「変声ガス」にも使われています。私たちは、のどにある声帯を振動させて声を出していますが、変声ガスを吸うと、普通の空気のときとはちがう振動になるので、いつもとちがうおもしろい声が出ます。

ただし、たくさん吸い込みすぎると、体に酸素分子がまわらず苦しくなってしまうので、変声ガスで遊ぶときは必ずおうちの人といっしょに使ってくださいね。

また、ヘリウムは液体の状態だともものすごく冷たいので、医療機器の冷却装置などにも使われています。

軽いから
浮かぶんだぜ

風船や飛行船を浮かばせる

水素の次に軽い元素であるヘリウムは、風船や気球、飛行船の中に入れるガスに使われている。

ヘリウム *Helium*

2
ヘリウム
He
4.003

陽子の数	：2
存在する場所	：ある種の天然ガス
融点／沸点	：-272.2℃／-268.928℃
発見年	：1868年
名前の由来	：ギリシャ語の「太陽(helios)」。皆既日食の観測時に発見された。

医療機器にもかかせない元素

ヘリウムは常温では気体だが、-268.928℃以下まで冷やすと液体になる。この低温の液体は、MRI（磁気共鳴画像法）の装置にも使われている。強い磁場を発生させるときに、中のコイルが熱くなるため、液体のヘリウムで冷却するのだ。

ヘリウムがあればおこらなかった飛行船事故

1937年、アメリカでヒンデンブルグ号という飛行船が原因不明の大爆発をおこして墜落するという事故がありました。当時、飛行船にはヘリウムではなく、燃えやすい水素ガスが使われることがあり、事故原因の1つではないかといわれています。

もっと知りたい

ヘリウムは、アメリカなどの一部の天然ガスの油田からしかとれない貴重な資源。

03 金属のなかでいちばん軽い「リチウム」

リチウムは、水素やヘリウムとともに、宇宙が誕生してすぐに生まれました。金属元素のなかで、最も軽いのが特徴です。

リチウムは、スマートフォンや電気自動車などに使われるリチウムイオン電池に使われます。リチウムイオン電池は、充電してくり返し使うことができる電池です。地球温暖化への対策として、日本ではガソリン車をやめて電気自動車をふやそうという取り組みをしています。

また、リチウムは「双極性障害」という心の病気を治療する薬にも使われています。私たちのくらしや医療にかかせない元素といえますね。

でも、リチウムは希少なレアメタル(↓78ページ)の一種です。ボリビアにあるウユニ塩湖に地球全体の半分、チリのアタカマ塩湖に全体の3分の1のリチウムが集中していると考えられています。

リチウム *Lithium*

3
リチウム
Li
6.94

陽子の数　：3
存在する場所：リチア輝石、リチア雲母
融点／沸点　：180.5℃／1330℃
発見年　：1817年
名前の由来　：ギリシャ語の「石(Lithos)」。「ペタル石」という鉱物（石）の分析によって発見されたため。

心の病気の治療薬として使われる

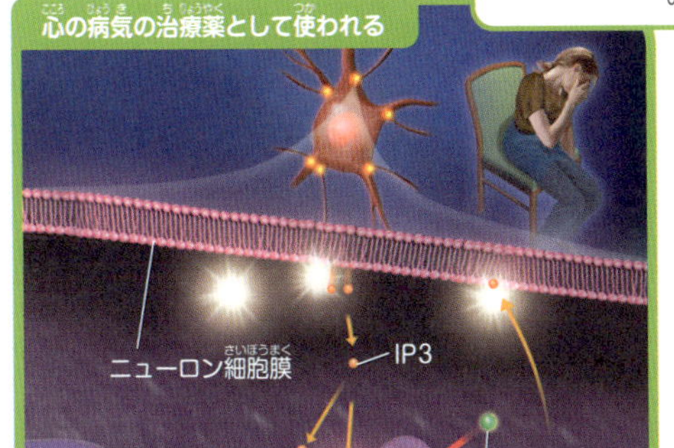

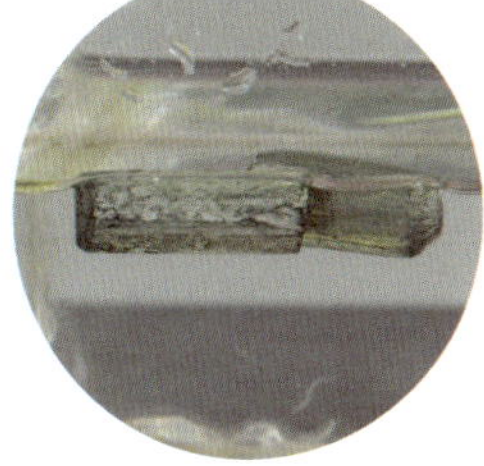

石油中に保存されたリチウムの結晶。

双極性障害の人は、ニューロン（脳の神経細胞）内のカルシウムイオンの濃度が高い。リチウムイオンは、IMPA2という酵素のはたらきをさまたげ、IP3という物質による化学反応を止めることで、カルシウムイオンが過剰に放出されるのを止めると考えられている。

チリにあるリチウムの宝庫

標高約2300メートルの高地にあるチリのアタカマ塩湖。アンデス山脈ができるときに盛り上がって海が干上がり、リチウムがたまったといわれる。年間で数日しか雨が降らない乾いた気候も、リチウムの生産を助けている。

もっと知りたい

海水からも、わずかだがリチウムがとれる。

04

宝石としても有名な「ベリリウム」

ベリリウムは、「ベリル」という鉱石の主成分として知られています。ベリルは、日本語では「緑柱石」ともよばれます。名前に「緑」と入っていますが、緑色だけでなくさまざまな色のベリルがあります。

ベリルは宝石にもなります。有名なのは鮮やかな緑色の「エメラルド」や、すきとおった水色の「アクアマリン」でしょう。

さて、ベリリウムは金属の一種です。軽くて強度が高いので、さまざまな科学技術に応用されています。

たとえば、宇宙望遠鏡。ベリリウムは、宇宙へ打ち上げられるときの振動や、宇宙の過酷な環境にも耐えられるくらい強い金属なのです。

また、ベリリウムを使った金属板は、スピーカーやイヤホンの振動板としても活躍しています。ベリリウムはX線を通す性質もあるので、レントゲンの撮影機材にも使われています。

ベリル（緑柱石）

ベリリウム　*Beryllium*

4 ベリリウム Be 9.012

陽子の数	：4
存在する場所	：緑柱石、ベルトラン石
融点／沸点	：1287℃／2469℃
発見年	：1828年
名前の由来	：「ベリル(beryl)」。ベリルは、古代ギリシャ語で「海のような青緑色」を指す「ベリロス」が由来。

エメラルド

アクアマリン

宝石にもなる元素

ベリリウムは、「ベリル」という鉱石から発見された。純粋なベリルは無色透明だが、混ざり込んだ不純物によってさまざまな色になる。緑色のエメラルドや青色のアクアマリンなど、宝石に加工される場合もある。

いろんな色に
なれるなんて
おもしろいね！

めずらしい赤いベリル

ベリルには緑や青などさまざまな色があります。アメリカの一部の鉱山でしかとれない、赤いベリルもあります。これは、ベリルにマンガン（→126ページ）が混ざったものだそうです。

もっと知りたい

粉状のベリリウムは、なめると甘いといわれているが、猛毒である。

05 火に強いガラスをつくれる「ホウ素」

ホウ素は熱に強い元素です。住宅用の断熱材や、耐火ガラス、ロケットエンジンの部品などに使われています。理科の実験で使う耐熱ビーカーやフラスコにも、ホウ素が使われています。

ホウ素は、自然界では単体では存在しない元素で、たいていはほかの元素と結びついた「ホウ砂」などの形で見つかります。ちなみに、ホウ素そのものは黒い元素ですが、ホウ砂は白い粉状の物質です。

また、ホウ素はガラスに混ぜると透明になります。

ホウ素を水に混ぜると、殺菌作用がある「ホウ酸」になります。これは医療用の目薬や、コンタクトレンズの保存液などにも使われています。また、ホウ酸にはゴキブリなどの害虫を駆除する効果があります。

ホウ素をふくんだホウ砂を使って、おもしろい感触のスライムをつくることもできます。

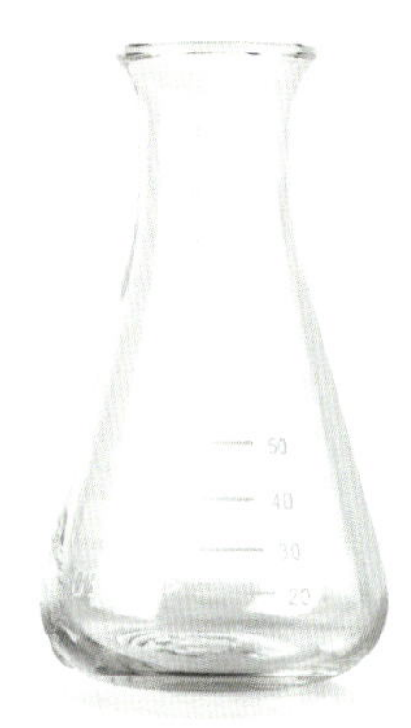

ホウ素　*Boron*

陽子の数	：5
存在する場所	：ホウ砂、コールマン石
融点／沸点	：2076℃／3927℃
発見年	：1808年
名前の由来	：アラビア語の「ホウ砂(buraq)」。

5 ホウ素 B 10.81

ホウ素は熱に強い

ホウ素は、単体でも化合物でも耐火性にすぐれている。ホウ素をふくんだガラスは、熱を加えても形がかわりにくいため、調理用のポットやフラスコ、ビーカーなどに用いられる。

スライムをつくってみよう

ぷるぷるネバネバした感触がおもしろいスライムをつくってみましょう。

材料はドラッグストアやホームセンターで買えるぜ

楽しい実験だ～

材料

ホウ砂……………………2gくらい
PVA入り洗濯のり……50ml
水…………………………50ml
お湯……………………25ml
好きな色の絵の具……好みの量

つくりかた

①紙コップに洗濯のり、水50ml、絵の具を入れて、わりばしなどでかき混ぜる。
②別の紙コップに、ホウ砂とお湯25mlを入れてかき混ぜ、ホウ砂をとかす。
③①のコップに②の中身を加え、よく混ぜる。

※おうちの人といっしょにつくりましょう。
※できあがったスライムは、口や目に入れないようにしてください。遊んだ後は手を洗ってください。

もっと知りたい

ホウ素は半導体（→76ページ）の一種でもある。

06 炭からダイヤまでいろいろな姿をもつ「炭素」

炭素は、文字通り「炭」の元素です。こげた料理が黒いのは、その食べ物が炭素だけになる（炭化する）せいです。炭素にはいろいろな姿があります。たとえば、みなさんが毎日使っている鉛筆やシャープペンシルの芯は、黒鉛（グラファイト）とよばれる状態の炭素でできています。

それから、実はダイヤモンドも炭素のかたまりです。真っ黒な炭と、透明なダイヤモンド。ぜんぜんちがいますね。このように、炭素の原子（元素の粒）は、結びつく形によって、性質がかわるのです。

炭素原子をらせん状につなげた「カーボンナノチューブ」は、日本で発見された最先端の素材です。軽くて、じょうぶで、弾力があり、熱や電気を通しやすい性質があります。カーボンナノチューブで、いずれ地上と宇宙をつなぐ「宇宙エレベーター」をつくれるのではないかといわれています。

ダイヤモンドは炭素原子が正四面体状につぎつぎと重なり、強く結合しているため、全鉱物中で最もかたい。

炭素原子

フラーレン

60個の炭素原子が、サッカーボール状に結びついたもの。極低温では、超伝導状態になる。

炭素原子

炭素　*Carbon*

陽子の数　：6
存在する場所：黒鉛、ダイヤモンド
融点／沸点　：不明／3825℃(昇華)
発見年　：むかしから知られていた
名前の由来　：ラテン語の「木炭(Carbo)」。

変身が得意な元素なんだね

炭素原子

炭素原子が正六角形をつくって平面状に配列している。平面と平面の結合は弱く、はがれやすい。鉛筆の芯は、黒鉛に粘土を混ぜてできている。

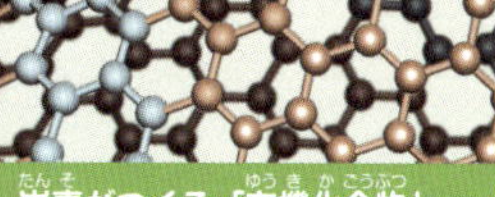

カーボンナノチューブ

球の1つ1つが炭素原子（らせん構造をわかりやすくするため、一部色をかえた）。このらせんの角度によって、電気を通しやすくなったり、通しにくくなったりする。

炭素がつくる「有機化合物」

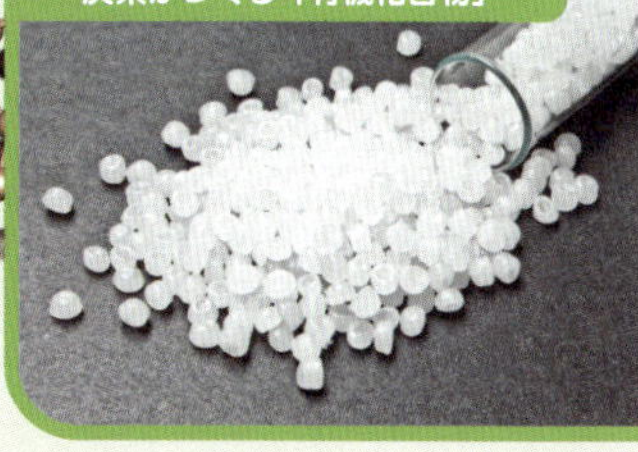

炭素をふくむ化合物のほとんどは「有機化合物」とよばれている。天然では樹木の幹（セルロース）やジャガイモのでんぷん（アミロース）、人工的なものとしては衣類に使われるナイロン、ペットボトルの材料となるポリエチレンテレフタラートがその一例だ（写真は、高密度ポリエチレンのペレット）。

もっと知りたい

カーボンナノチューブは、リチウムイオン電池やスポーツ用品などに使われている。

07 地球上の空気の大半を占めている「窒素」

窒素は、私たちの体のおよそ3%を占めている元素です。私たちの体にあるタンパク質は、「アミノ酸」とよばれる物質がネックレスのようにつながってできています。このアミノ酸に、窒素がふくまれているのです。

窒素は、産業にも幅広く役立てられています。たとえば、お店で買ったばかりのスナック菓子の袋は、パンパンにふくらんでいませんか？　これは、袋の中が窒素ガスで満たされているためです。こうすることで、お菓子が酸素分子にふれていたむのを防いでいます。

窒素分子の液体はすごく冷たいので、冷凍食品の製造や、医療現場での血液の保存などに使われています。

また、窒素と酸素の化合物である一酸化窒素は、血管をひろげる作用があるため、「狭心症」という心臓に血液を送る動脈が狭くなる病気の薬に使われています。

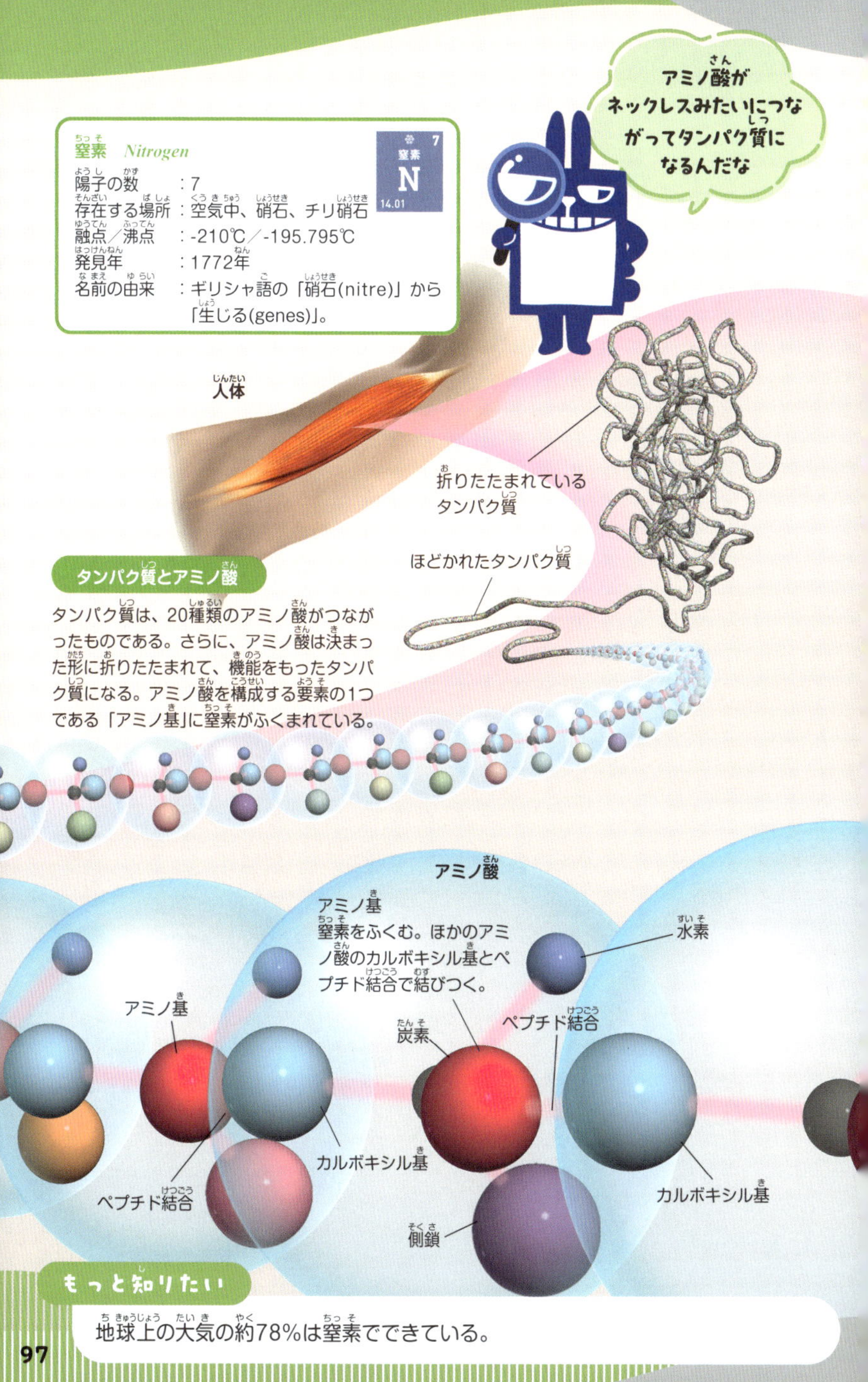

窒素 *Nitrogen*

陽子の数：7
存在する場所：空気中、硝石、チリ硝石
融点／沸点：-210℃／-195.795℃
発見年：1772年
名前の由来：ギリシャ語の「硝石(nitre)」から「生じる(genes)」。

タンパク質とアミノ酸

タンパク質は、20種類のアミノ酸がつながったものである。さらに、アミノ酸は決まった形に折りたたまれて、機能をもったタンパク質になる。アミノ酸を構成する要素の1つである「アミノ基」に窒素がふくまれている。

もっと知りたい

地球上の大気の約78%は窒素でできている。

08

光合成で生み出される命のみなもと「酸素」

酸素は、私たちが吸っている空気の21%を占めている元素です。私たちが酸素分子を吸って、かわりに二酸化炭素をはくことを「呼吸」といいます。ちなみに、二酸化炭素は、酸素と炭素の化合物です。

酸素分子は、自身に燃える性質はありませんが、ものが燃えるのを助けるはたらきがあります。そもそも「燃焼」とは、酸素原子がほかの物質と結びつく（酸化する）ときに、はげしい光や熱を放つ現象です。だから、酸素分子のないところではものは燃えません。また、鉄などの金属がさびるのも、酸素分子による酸化が原因です。

酸素分子は、葉緑体をもつ植物が、光合成を行うことで生み出されます。空気中の酸素分子の一部は空高くのぼり、オゾンという気体になります。オゾンは、太陽から出る紫外線の大部分を吸収し、地球を生き物がすめる環境にしてくれています。

酸素　*Oxygen*

陽子の数	：8
存在する場所	：空気中、水
融点／沸点	：-218.79℃／-182.962℃
発見年	：1771年
名前の由来	：ギリシャ語の「酸(oxys)」を「生じる(genes)」。当時は酸素をふくんだ水溶液は酸性になると考えられていたが、のちにまちがいであることがわかった。

8
酸素
O
16.00

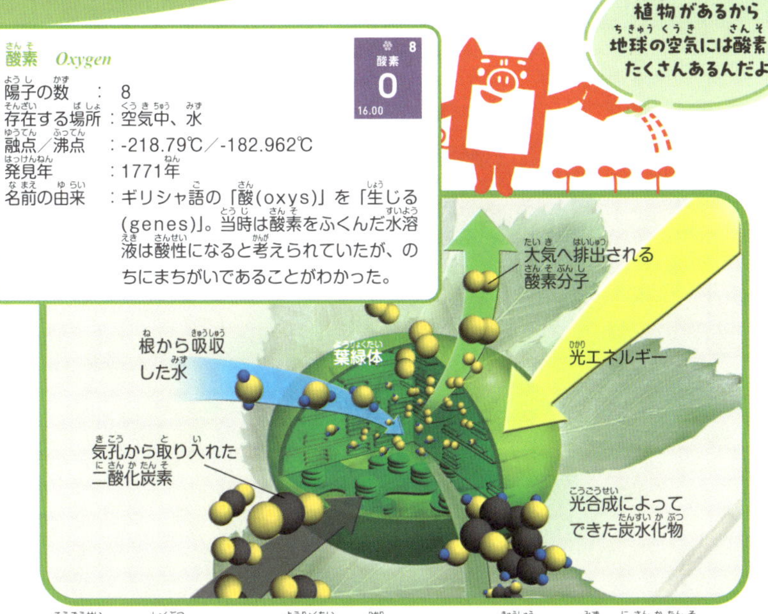

光合成とは、植物にふくまれる葉緑体が、光のエネルギーを吸収して、水と二酸化炭素から自身の栄養となる炭水化物（デンプン）をつくるしくみだ。このときに、酸素分子が余り、葉の気孔から排出される。

オゾン層がなくなっちゃう！

オゾンは、酸素原子が3つ結びついたものです。地球の上空には、オゾンが多くふくまれたオゾン層があり、地球を紫外線から守っています。しかし近年、フロンなどの化学物質によるオゾン層の破壊が問題となっています。右の図は2020年9月の南極周辺のオゾン層あらわしたもので、灰色の領域がオゾンが少なくなっている部分です。

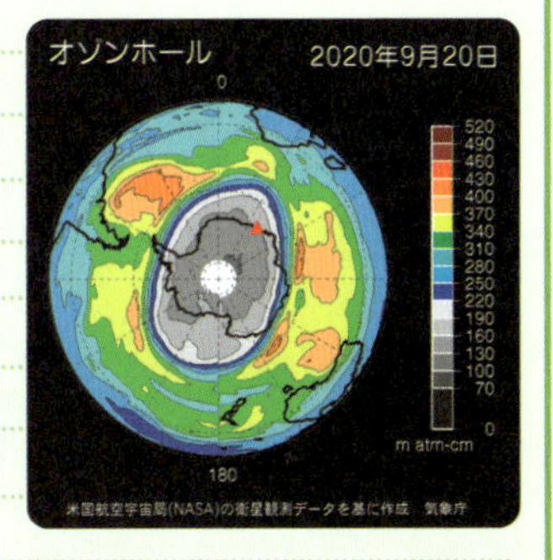

もっと知りたい

毎年9～11月に南極上空のオゾンが少なくなる現象を「オゾンホール」という。

09 歯みがき粉にも入っている「フッ素」

フッ素は、ホタル石などの鉱物の中に、ほかの元素と結びついた形でふくまれています。

実はフッ素単体には毒がありますが、ほかのフッ素原子2個が結びついたフッ素元素と結びつくことで、私たちの健康や生活を支える安全性の高い物質に変化します。

たとえば、みなさんが毎日使っている歯みがき粉のパッケージを見てみましょう。フッ素が配合されていると書かれていませんか?

この場合のフッ素は、フッ素とナトリウム(↓104ページ)のイオンなどが結びついた化合物です。フッ素イオンには、歯が虫歯菌によって溶かされるのを防ぐ効果があるので、歯みがき粉によく入っています。

また、フッ素原子はフライパンなどをコーティングする樹脂にも使われています。フッ素樹脂は、熱に強く、油や水をはじく性質があるためです。

フッ素　*Fluorine*

陽子の数　：9
存在する場所：ホタル石、氷晶石
融点／沸点　：-219.67℃／-188.11℃
発見年　　：1886年
名前の由来　：ラテン語の「ホタル石(fluorite)」。

フッ素をふくむホタル石

ホタル石は、フッ素とカルシウムなどが結びついてできた鉱物だ。無色の石だが、ふくまれている不純物によってさまざまな色になる。ホタル石に濃硫酸を加えて加熱すると、フッ化水素を得ることができる。

調理器具の加工に使われる

フッ素を使った樹脂でコーティングしたフライパンなどの調理器具は、水や油をはじく。そのため、「こげつきが少ない」「よごれを洗い落とすのに手間がかからない」などのメリットがある。

じょうぶな歯をつくる

虫歯は、虫歯菌によって酸が生み出され、歯の表面のエナメル質が溶かされることによっておこる。フッ素は、歯のエナメル質を溶けにくくし、溶けた歯が元にもどる（再石灰化する）のを促す。また、虫歯菌のはたらきを弱める作用ももつ。

食べすぎはダメだぞ

フッ素があればいくら甘いものを食べてもだいじょうぶだね～

もっと知りたい

虫歯予防に、水道水にフッ素の化合物を添加している国もあるが、近年減っている。

10 夜の町をカラフルに彩っていた「ネオン」

ネオンは、とても安定している元素です。ほかの元素と結びつくことはなく、単体で空気中に存在しています。

ネオンといえば、洋服やアクセサリーなどの「ネオンカラー」を思い浮かべた人もいるのではないでしょうか。鮮やかで、まるで光を発しているような色合いです。このネオンカラーは、もともとは「ネオンサイン」をイメージした色です。

ネオンサインとは、電飾の一種です。ガラス管の中にネオンを閉じ込めて電源につなぐと、管の中が鮮やかな赤色に光ります。ネオンのかわりにアルゴンや水銀など別の元素を使うと、ほかの色に光らせることもできます。

現在のようにLED（発光ダイオード）が普及する前は、夜の町の看板を彩っていました。ネオンサインがLED照明よりもピカピカまぶしいのが特徴です。昭和や平成を思わせるレトロな光なのです。

ネオン *Neon*	10 ネオン **Ne** 20.18
陽子の数	：10
存在する場所	：空気中
融点／沸点	：-248.59℃／-246.046℃
発見年	：1898年
名前の由来	：ギリシャ語の「新しい(neos)」。

ネオンサインのしくみ

ネオンを閉じ込めたガラス管に電圧をかけると、管の中に電子が放たれる。するとこの電子によって、ネオン原子の電子がエネルギーの高い状態になる。この状態から元にもどるとき、赤色の光が発せられる。このしくみを利用したのがネオンサインである。

ネオンサイン街の明かり

ネオンサインは、ガラス管に閉じ込めた元素の種類によって色がことなる。たとえばヘリウムは黄色、アルゴンは赤色から青色、クリプトンは黄緑色、キセノンは青色から緑色に輝く。「ネオン街」という言葉があるほど、以前は町中でよく見られたが、年々 LED などに置きかわりつつある。

もっと知りたい

ネオンはレーシック手術（目の網膜の手術）のレーザーなどにも使われている。

11 私たちの脳を動かす「ナトリウム」

ナトリウムは、金属の仲間です。ただし、ほかの元素と結びつきやすいため、金属として利用されることはあまりありません。

私たちにとっていちばん身近なナトリウムは塩化ナトリウム、つまり「塩」でしょう。塩などからナトリウムを摂取することは、体にとって非常に大事なことです。

ナトリウムは、私たちの体内では、電子を1個外に出してプラスの電気をおびた「ナトリウムイオン」という状態で存在しています。

脳の神経細胞（ニューロン）には、「ナトリウムチャネル」というナトリウムイオン専用の扉があります。この扉をナトリウムイオンがくぐると電気が発生します。これにより、次々と扉が開いて、電気が伝わっていきます。この電気信号によって神経は情報を伝え、私たちはものを感じることができるのです。

プラスの電気をおびたナトリウムイオン（ナトリウム原子が電子を1個放出した状態）が、神経細胞のナトリウムチャネルを通って細胞内に流れ込むと、電気が流れる。その刺激でとなりのナトリウムチャネルも開き、さらに電気が流れる。このくり返しで、神経細胞に電気信号がつくられる。

ナトリウム *Sodium*

陽子の数　：11
存在する場所：空気中
融点／沸点　：97.794℃／882.94℃
発見年　　：1807年
名前の由来　：アラビア語の「ソーダ(suda)」。

ナトリウムが神経の電気信号をつくる

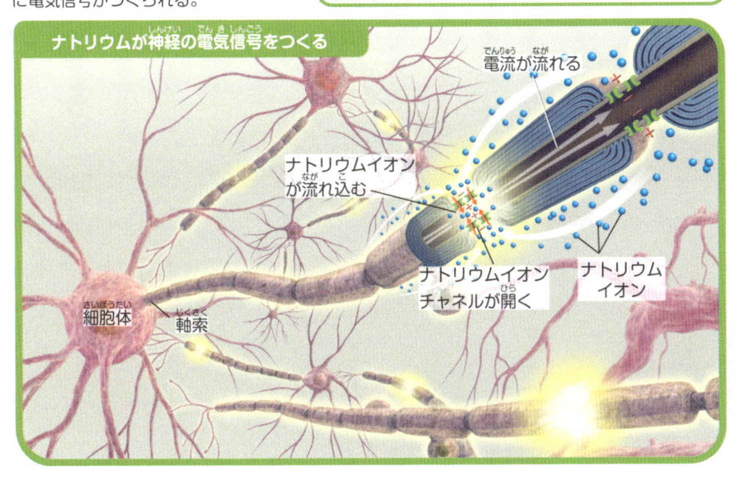

「ソーダ」って何？

「ソーダ」といえば、炭酸が入った飲み物ですね。炭酸の正体は二酸化炭素（酸素と炭素の化合物）です。一方で、ナトリウムの化合物も「ソーダ」とよばれます。これは、以前はナトリウムの化合物から二酸化炭素を発生させ、炭酸水をつくっていたからです。

ナトリウムは英語で「ソディウム」っていうよ

もっと知りたい

「ナトリウム」はドイツ語。ラテン語でソーダを意味する「natron」に由来する。

12 豆腐をつくるときに使う「マグネシウム」

マグネシウムは、リチウム、ナトリウムに次いで3番目に軽い金属です。マグネシウムを使った合金は軽くてじょうぶなため、ノートパソコンの本体や、自動車やオートバイのホイールなどに使われています。将来的には、飛行機の機体などにも利用できるのではないかと期待されています。

マグネシウムイオンは、私たちの体に欠かせない成分の1つでもあります。酵素のはたらきを活発にして、骨をつくったり、体の調子をととのえたりするのを手伝います。

私たちがよく食べる豆腐は、マグネシウムにかかわりが深い食材です。豆腐の伝統的なつくりかたでは、大豆の汁を「にがり」でかためますが、この「にがり」は、マグネシウムと塩素のイオンが結びついてできた液体なのです。また、豆腐の原料である大豆にも、マグネシウムが豊富にふくまれています。

マグネシウム *Magnesium*

陽子の数	：12
存在する場所	：岩塩、ソーダ灰
融点／沸点	：650℃／1090℃
発見年	：1755年
名前の由来	：マグネシウムをふくむ鉱石の産地「マグネシア地方（現在のギリシャ）」。

12 マグネシウム **Mg** 24.31

マグネシウムの結晶

燃えやすい金属

理科の実験でやる学校もあるよ

マグネシウムに火を近づけると、酸素とマグネシウムが結びつき、激しい光を発しながら燃焼する。この性質を利用して、花火の火薬などにも用いられる。

無調整豆乳とにがりがあれば家でも豆腐がつくれるぜ

豆腐をつくる「にがり」

「にがり」は、塩化マグネシウム（塩素とマグネシウムの化合物）でできている。マグネシウムは、タンパク質どうしをつなぐはたらきがある。そのため、大豆を絞った汁ににがりを加えるとかたまり、豆腐ができる。

もっと知りたい

マグネシウムイオンをふくむ化合物は、胃腸薬や下剤などにも使われている。

13 1円玉にも使われている金属「アルミニウム」

アルミニウムは、身近にたくさんある金属です。たとえば、アルミホイルや1円玉、ジュースの缶、お菓子の包み紙や袋などに使われています。

アルミニウムは、自動車やバイク、電車、船、飛行機など、乗り物をつくるのにも使われています。建物の材料としても優秀で、スカイツリーの中心部などにも使用されています。

アルミニウムがこれほどいろいろなところに使われているのは、「軽い」「じょうぶ」「さびにくい」「加工しやすい」など、私たちにとって便利な性質をたくさんもつからです。

また、アルミニウムは融点（↓70ページ）が比較的低いため、溶かしてリサイクルしやすい金属です。しかも、新しくアルミニウムを製造するよりも、リサイクルするときに使うエネルギーのほうが圧倒的に少なくすみます。地球環境のためにも、積極的にリサイクルしていきたいですね。

アルミニウム *Aluminium*

13
アルミニウム
Al
26.98

陽子の数：13
存在する場所：ボーキサイト
融点／沸点：660.323℃／2519℃
発見年：1825年
名前の由来：古代ギリシャやローマでミョウバンをあらわす「アルメン(alumen)」。ミョウバンの分析から発見されたため。

アルミニウムの特性

① 軽い…重さは鉄の3分の1ほど。乗り物に使うと、燃料が少なくすむ。

② 強い…マグネシウム、マンガン、銅を加えたアルミニウム合金は強度が高い。

③ さびにくい…金属は空気中の酸素にふれると酸化してボロボロになる（さびる）。アルミニウムは、酸化によって表面に膜をつくるのでさびにくい。

④ 加工しやすい…さまざまな形にすることができ、アルミホイルのように薄くすることもできる。

⑤ 電気をよく通す…送電線の約99%にアルミニウムが使われている。

⑥ 磁気をおびない…電気による磁場の影響を受けないので、電子医療機器などの精密機械に適している。

⑦ 熱をよく伝える…急速に冷やすことができる。冷暖房装置やエンジンの部品に適している。

⑧ 低温に強い…液体窒素（-196℃）でも破壊されない。

⑨ 光や熱を反射する…赤外線や紫外線、電磁波を反射する。暖房機や照明器具、宇宙服などに適している。

⑩ 毒性がない…人体や土壌に害をあたえない。食品や医薬品の包装に適している。

もっと知りたい

アルミ缶の97%以上がリサイクルされ、73%以上が再びアルミ缶になる。

14 ガラスや太陽電池をつくる「ケイ素」

ケイ素は、私たちが毎日目にするものに使われている元素です。たとえばガラス。窓や食器などに使われているガラスは、ケイ素の化合物でできています。また、お菓子などの乾燥剤として入っている「シリカゲル」も、ケイ素を多くふくんだ物質です。

ケイ素は、英語で「シリコン」といいます。「ケイ素」はよく知らないけど、「シリコン」は聞い

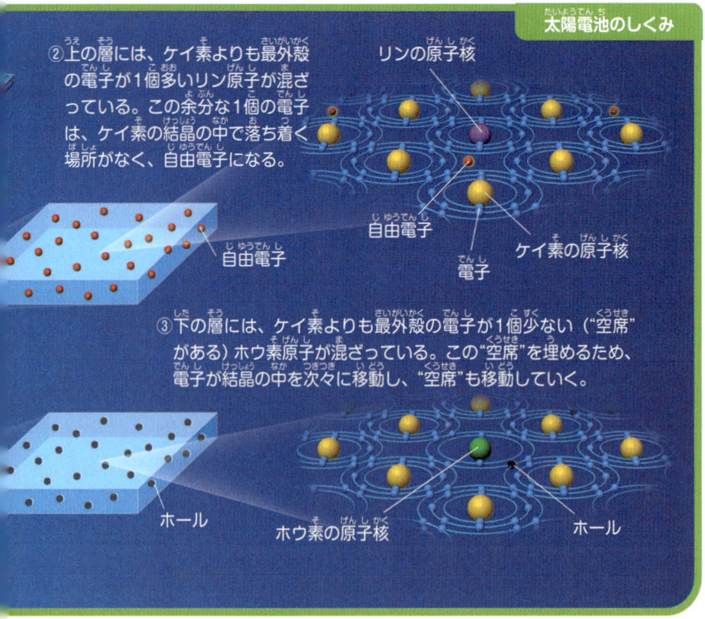

太陽電池のしくみ

たことがあるという人も多いのではないでしょうか。ゴムや樹脂のようにやわらかい素材として知られるシリコーンは、おもちゃや、弁当箱のパッキン、台所用品など、いろいろなものに使われています。こうしたシリコーン製の製品にも、ケイ素の化合物がふくまれています。

ケイ素は半導体（↓76ページ）の1つでもあり、パソコンなどの電子機器や、太陽電池の材料として活躍しています。

こんなしくみなんだね

①セルは、上の層と下の層に分けることができる。

太陽電池の本体「セル」の材料として、ケイ素の結晶が使われている。セルの内部は2層に分かれている。セルに光が当たると、層の境目で自由電子と電子の“空席”が生まれ、自由電子は上の層に、“空席”は下の層にどんどんたまる。ここに回路をつなげると、自由電子はいったん外に流れ、下の層にもどる。これにより電流が流れる。

ケイ素　*Silicon*

14
ケイ素
Si
28.09

陽子の数	：14
存在する場所	：石英など
融点／沸点	：1414℃／3265℃
発見年	：1824年
名前の由来	：ラテン語の「火打ち石（silicisもしくはsilex）」。火打ち石（石英）にはケイ素が多くふくまれている。

もっと知りたい

宝石のオパールは、ケイ素と酸素の化合物でできた鉱石。

15 火がついて燃えやすい元素「リン」

リンはとても燃えやすい元素で、マッチの箱の側面にあるザラザラした部分などに使われています。

マッチを、道端のコンクリートなどのざらざらしたところでこすっても火は出ません。マッチ箱にこすることでリンが発火し、マッチの先にある火薬に火がつく、というしくみなのです。

リンは、私たちの体にも必要不可欠な元素です。たとえば骨や歯は、カルシウムイオンに、リンや酸素などが結びついてできています。だからカルシウムだけを摂取しても骨や歯は強くならないのです。

また、筋肉を動かすエネルギー源である「アデノシン三リン酸（ATP）」も、リンの化合物です。ほかにも、DNAをつくったり、心臓や腎臓のはたらきを維持したりなど、大事な役割をたくさん果たしています。

リンは植物にも必要な成分なので、農作物の肥料にもふくまれています。

リン　*Phosphorus*

15
リン
P
30.97

陽子の数　：15
存在する場所：リン灰石など
融点／沸点　：44.15℃／277℃
発見年　：1669年
名前の由来　：ギリシャ語の「光(phos)」を「運ぶもの(phoros)」。空気中で自然に燃えて発光することから。

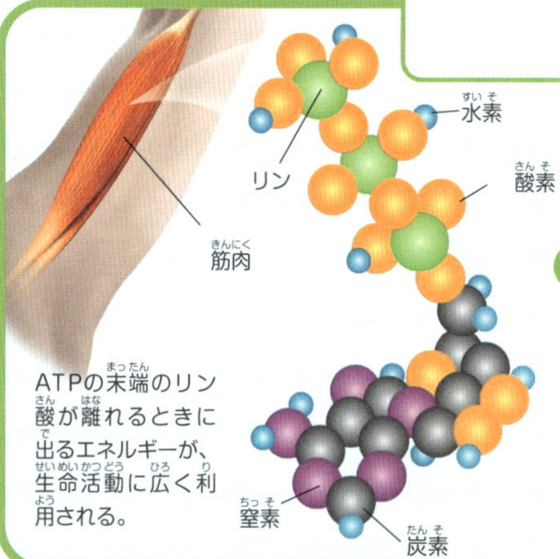

ATPの末端のリン酸が離れるときに出るエネルギーが、生命活動に広く利用される。

生き物の体に不可欠な元素

リンの化合物「アデノシン三リン酸（ATP）」は、あらゆる動物や植物の体に存在するエネルギー源。筋肉の収縮など生き物の生命活動に使われるため、「生体のエネルギー通過」ともよばれる。

マッチの歴史

マッチは1826年に発明され、1830年には火がつけやすい「黄リンマッチ」が大ヒットしました。黄リンは、リン原子が4つ集まった物質です。でも、自然に発火したり、毒性があったりして、世界的に使用が禁止されてしまいました。現在使われているのは、より安全な「赤リンマッチ」です。

簡単に火がつくのも困りものだったんだな

あぶないぜ～

もっと知りたい

日本でのよびかたである「リン」は、「人魂」を意味する「燐」が由来。

16 温泉のにおいをつくり出す「硫黄」

硫黄といえば、「温泉」を思い浮かべる人が多いかもしれませんね。日本には火山がたくさんあり、火山ガスの中には硫黄の化合物がたくさんふくまれています。だから、火山によってわく温泉のお湯には硫黄が入っています。

硫黄は私たちの身近なところにも使われています。たとえば、輪ゴムやタイヤなどのゴム製品には、硫黄がふくまれています。ゴムの原料はゴムノキの樹液や石油などですが、実は、ゴム自体は弾力性のない物質です。硫黄を加えることで、ゴムはビヨーンとのびるあのゴムになるのです。

私たちの生活に欠かせない硫黄ですが、硫黄とほかの元素が結びついた化合物には、毒性が高いものもたくさんあるので注意が必要です。1960年代には、工場から放出された硫黄酸化物が原因で、「四日市ぜんそく」という公害がおこりました。

硫黄は黄色い結晶をつくる。

硫黄　*Sulfur*

16
硫黄
S
32.07

陽子の数	：16
存在する場所	：石こうなど
融点／沸点	：95.3〜115.21℃（原子の結びつきかたによってことなる）／444.6℃
発見年	：むかしから知られていた
名前の由来	：サンスクリット語の「火のもと(sulvere)」に由来するラテン語「硫黄(sulpur)」。

自動車のタイヤには硫黄がふくまれている

ゴムに弾力性をあたえる硫黄と、ゴムに強度をあたえる炭素を混ぜ合わせてつくられるのがゴムタイヤだ。街中を走る自動車のタイヤには、数％の割合で硫黄が使われている。硫黄は、マッチや火薬、医薬品の原料としても利用されている。

温泉のにおいは硫黄のにおい？

温泉のにおいといえば、「ゆで卵がくさったような」とも表現される独特なにおいです。温泉のにおいは「硫黄のにおい」といわれることも多いですが、実は単体の硫黄にはにおいはありません。硫黄と水素が結びついた「硫化水素」という物質になってはじめて、強いにおいを発するのです。

温泉地によってにおいの強さがちがうぜ

もっと知りたい

ふくまれている硫化水素の量が少ないため、においがしない温泉もたくさんある。

17 強い殺菌効果がある「塩素」

塩素は、「塩」という言葉が入っているとおり、食塩（塩化ナトリウム）にふくまれている元素です。

塩素分子を水に溶かすと、殺菌性の強い化合物に変化します。そのため、プールなどの消毒剤に使われます。プールに行くと、独特なツンとするにおいがしますが、あれは塩素系の消毒剤のにおいです。

水道水にも、塩素が加えられています。もし塩素を入れなければ、川や湖の水にもともといた菌や微生物が水道水に混ざってしまい、安全に飲めなくなってしまいます。

塩素イオンは、私たちのお腹の中にもあります。胃酸には塩酸（水素と塩素のイオン化合物）がふくまれていて、胃の中で食べ物を殺菌したり、胃の中を酸性にして消化酵素がよくはたらけるようにしたりしています。

また塩素の化合物は、ビニール製品にもふくまれています。

単体の塩素は
毒性が高いから
取り扱い注意だよ

塩素 *Chlorine*

17
塩素
Cl
35.45

陽子の数	：17
存在する場所	：岩塩など
融点／沸点	：-101.5℃／-34.04℃
発見年	：1774年
名前の由来	：ギリシャ語の「黄緑色(chloros)」。塩素は単体では黄緑色をしている。

塩素がふくまれたビニール

ポリ塩化ビニルは、プラスチック（ビニール）の一種で、石油からとれるエチレンという物質と塩素を混ぜてつくられている。じょうぶで耐水性があるため、パイプやホースなどに使用されている。

強い殺菌作用

たくさんの人が入るプールは、感染症を引き起こす細菌がたくさん発生する恐れがある。そのため、塩素を入れて消毒をする。塩素系の消毒剤は、独特なツンとした塩素のにおいがする。

強い消毒剤に気をつけて

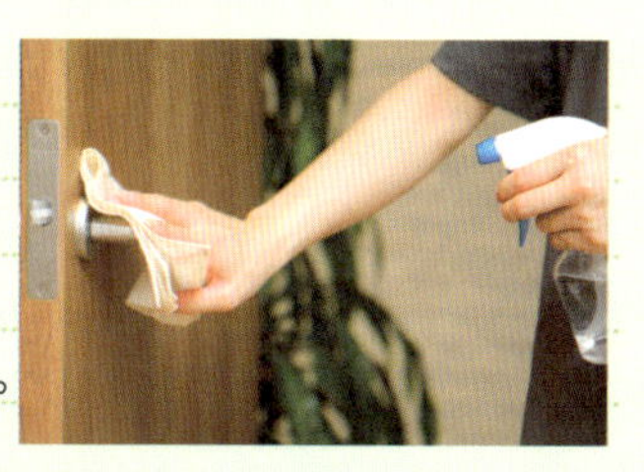

塩素系の消毒剤に「次亜塩素酸ナトリウム」があります。強い殺菌効果があり、ノロウイルスなど一部のウイルスを破壊できるため、ドアノブや床などを除菌するのに使われます。近年、新型コロナウイルスの流行とともに、消毒剤への関心が高まっていますが、次亜塩素酸ナトリウムは手の消毒には使えないので、誤って吹きかけないよう注意が必要です。

もっと知りたい

プールや水道水に使われる塩素系消毒剤は「カルキ」とよばれる。

18 “なまけもの”という意味の名前をもつ「アルゴン」

アルゴンは、空気中の1％ほどを占めている元素です。とても安定していて、ほかの元素と結びついて化学反応をおこしにくいのが特徴です。そのため、「アルゴン」という名前は「はたらかないなまけもの」という言葉が由来となっています。なんだか失礼な名づけですね。

アルゴンはけっしてなまけものではありません。「化学反応をおこさない」という性質を活用して、ものづくりなどを支えています。

たとえば、蛍光灯はアルゴンと水銀の力で光ります。現在は水銀を利用した蛍光灯は製造されていませんが、かつては照明として使われていました。

金属の溶接にもアルゴンが活躍します。アルミニウムやステンレスなどの金属板は、普通に溶接すると空気中の酸素や窒素と反応して変色してしまいます。そこへアルゴンを吹きつけると、変色がおさえられるのです。

はたらきすぎも
よくないぜ～

アルゴン　*Argon*

18
アルゴン
Ar
39.95

陽子の数	：18
存在する場所	：空気中
融点／沸点	：-189.34℃／-185.848℃
発見年	：1894年
名前の由来	：ギリシャ語の「なまけもの(argos)」。

蛍光灯のしくみ

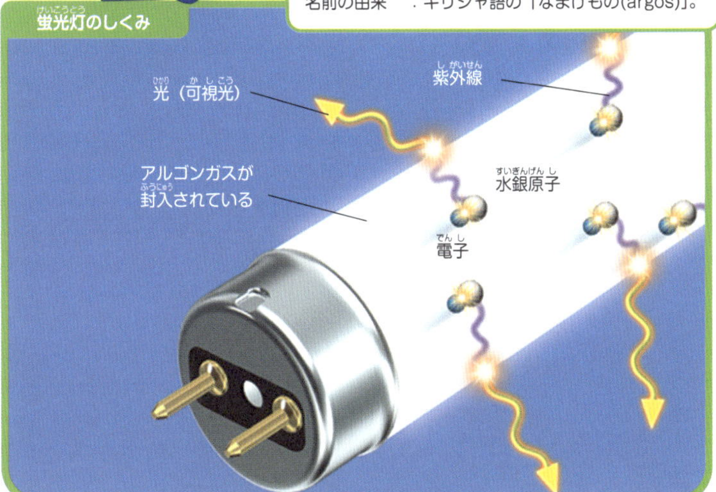

蛍光灯にはアルゴンと水銀が閉じこめられている。電気が流れると、フィラメント（電極）から電子が飛び出てアルゴン原子にぶつかる。アルゴンは熱を放ち、水銀を蒸発させる。そして、電子が水銀原子にぶつかる。このとき発生した紫外線が、ガラス管の内側に塗ってある蛍光体に当たると白い光が出る。

アーク溶接

溶接では、金属板とタングステン（→153ページ）などでできたフィラメント（電極）の間に火花をつくり、その熱で金属を溶かしてつなぎ合わせる。その際、溶けた金属とまわりの空気(窒素と酸素)が反応して取り込まれるのを防ぐために、ほかの物質と反応しにくいアルゴンなどのガスを噴出させる。

もっと知りたい

熱を伝えにくいアルゴンのガスを入れた断熱性能の高い窓ガラスもある。

19 体の調子をととのえる「カリウム」

カリウムは、ナイフで切れるほどやわらかい金属です。ほかの元素と結びつきやすい性質があり、空気中では酸素分子と反応してカリウムの酸化物になります。そのため、カリウム金属は石油に入れて保存されます。

ちなみに、カリウムは燃えるとき、紫色の火花を出します。この性質から、花火の火薬にも利用されています。

カリウムといえば、食べ物にふくまれている栄養として知っている人もいるかもしれませんね。

カリウムイオンは、私たちの体に必要なミネラルとして、筋肉の収縮や神経伝達などに活躍しています。また、塩分（ナトリウム）を体の外に出す効果があり、血圧を正常に保つはたらきをします。

カリウムイオンは植物にとってもかかせない栄養なので、花壇や畑に使われる肥料にもカリウムの化合物が多くふくまれています。

カリウムなどのミネラルはいろんな野菜や果物にふくまれているよ
バランスよく食べな～

カリウム *Potassium*

19 カリウム **K** 39.10

陽子の数	：19
存在する場所	：カリ岩塩、カーナル石
融点／沸点	：63.5℃／759℃
発見年	：1807年
名前の由来	：アラビア語の「アルカリ(qali)」。カリウムのようにほかの元素と反応しやすい金属を「アルカリ金属」という。

レーズン

アボカド

じゃがいも

ほうれんそう

さつまいも

にんじん

体に必須なミネラル

ミネラル（無機質）は、体を構成する4つの主な元素（酸素、炭素、水素、窒素）以外のものの総称。体内でつくることができないため、食品から摂取する必要がある。ミネラルは、不足してもとりすぎても不調をきたす。厚生労働省は、13種類のミネラル（ナトリウム、カリウム、カルシウム、マグネシウム、リン、鉄、亜鉛、銅、マンガン、ヨウ素、セレン、クロム、モリブデン）について摂取基準を設けている。

カリウムは灰から見つかった元素

1800年、水に電気を流すと、水素と酸素に分解できることがはじめてわかりました。この発見以降、多くの化学者たちが、さまざまな物質の電気分解にチャレンジしました。イギリスのハンフリー・デービーは、木や葉を燃やしてできた灰に電気を流し、カリウムを発見しました。

ハンフリー・デービー
（1778～1829）

もっと知りたい

カリウムの英語名「Potassium」は、鍋（pot）と灰（ash）に由来する。

20 強い骨の材料になる「カルシウム」

カルシウムといえば、骨や歯の材料となる元素として知られています。

でも、カルシウムの役割はそれだけではありません。けがをしたときに血液をかためて出血を少なくしたり、筋肉の収縮をうながしたり、神経伝達にかかわったりなど、体のいたるところで活躍しています。

骨は、一度つくられたらそのま

毎日カルシウムをとらないと骨や歯がもろくなっちゃうよ

カルシウム　Calcium	
陽子の数	：20
存在する場所	：石灰、方解石(カルサイト)
融点／沸点	：842℃／1484℃
発見年	：1808年
名前の由来	：ラテン語の「石灰(calx)」。石灰から発見されたため。

20 カルシウム Ca 40.08

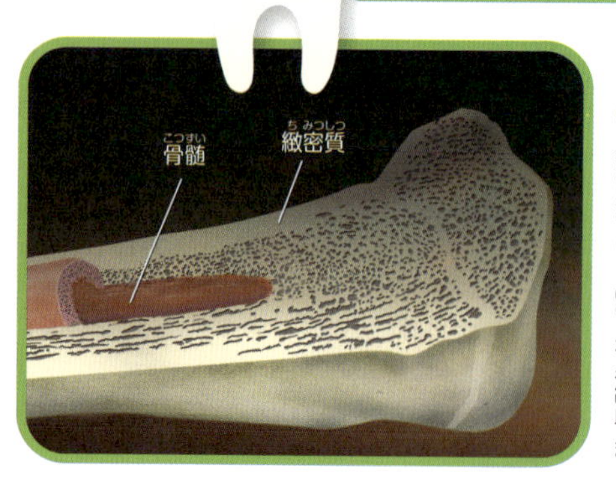

骨を形づくる元素

私たちの体内にある骨(緻密質)の主成分は、カルシウムにリンや酸素が結びついた「リン酸カルシウム」だ。古い骨は破骨細胞によって溶かされ、新しい骨がつくられる。溶かされた骨のカルシウムは血液中に出ていき、体中でさまざまな役割を果たす。

まではなく、何度も溶かしてはつくられています。折れてしまった骨がまたくっつくのは、このためです。また、骨が溶かされたときに出るカルシウムイオンは、一部が血液中にまわり、先ほど紹介したような役割を果たします。

骨がたくさんつくられるピークは10代のなかばまでで、あとはどんどん骨がつくられる量が少なくなっていきます。だから、子どものうちはとくにたくさんカルシウムをふくむ食べ物をとって、骨を育てる必要があるのです。

カルシウムの階段

中国四川省にある「黄龍溝」では池が約3300個も階段状に連なっている。山に降った雨や雪が、大量の石灰岩（炭酸カルシウム）を溶かし込んだ地下水となってわき出す。この水が川を流れながら炭酸カルシウムを外に出していき、少しずつ池のふちを成長させていく。こうして、カルシウムの階段ができあがる。

もっと知りたい

カルシウムは、石こうやセメントなどにも利用されている。

夜の闇を明るく照らす

スカンジウム

スカンジウムは、アルミニウムと似た性質をもつ金属ですが、一度にたくさんとることができないレアメタル（→78ページ）です。サッカー場などの屋外のスポーツ施設や、漁船の集魚灯（光に集まる習性があるイカなどをおびきよせるライト）などに使われていますが、近年はLEDに置きかわってきています。

イカ釣り漁船

スカンジウム *Scandium*

21 スカンジウム Sc 44.96

陽子の数	：21
存在する場所	：トルトベイト石
融点／沸点	：1541℃／2836℃
発見年	：1879年
名前の由来	：発見地「スウェーデン」のラテン語名「scandia」。

さびにくくてしなやか

チタン

チタンはじょうぶな金属で、しなやかでさびにくいという特徴があります。チタン合金は加工もしやすいので、アクセサリーや腕時計、メガネのフレームなど、さまざまなところに使われています。また、チタンと酸素が結びついた二酸化チタンは、光が当たるとよごれなどを分解する効果をもちます。

メガネのフレームにもチタンが使われている。

チタン *Titanium*

22 チタン Ti 47.87

陽子の数	：22
存在する場所	：ルチル、イルメナイト
融点／沸点	：1660℃／3287℃
発見年	：1791年
名前の由来	：地底に封じこめられたといわれているギリシャ神話の巨人「タイタン（Titan）」。

女神さまの名前が由来なんだって

おしゃれ～

ほかの金属と合わせると強くなる

バナジウム

バナジウムは、熱やさびに強い金属です。単体では化学工場の配管などに利用されています。

バナジウム自体は比較的やわらかい金属ですが、バナジウムを加えた鉄鋼はとてもじょうぶで、自動車のボディやエンジンなどに使われています。また、太陽光発電など再生可能エネルギーで生み出された電気をためておく電池への利用が注目されています。

バナジウムは、日本では天然水にもふくまれていることがあります。哺乳動物の血糖値を下げることもわかっていて、糖尿病の薬になるのではないかと考えられています。ただし、とりすぎると毒になるため、注意が必要です。

毒キノコであるベニテングタケには、バナジウムがふくまれている。

バナジウム　*Vanadium*

23 バナジウム V 50.94

陽子の数	：23
存在する場所	：カルノー石、パトロン石
融点／沸点	：1887℃／3377℃
発見年	：1801年、1830年
名前の由来	：命名者セフストレームの母国スウェーデンに伝わる美の女神「バナジス（Vanadis）」。

バナジウムをふくむ代表的な鉱物「褐鉛鉱」。

じょうぶなステンレス鋼をつくる

クロム

クロムはさびに強い金属で、ほかの素材の表面をおおうメッキなどに使われています。また、クロムと鉄を合わせた「ステンレス鋼」は、台所のシンクや家電製品など、さまざまなところに使われています。

クロムは人の体にも必要な元素です。落花生などに多くふくまれています。

ステンレス製のシンク

クロム *Chromium*

24 クロム Cr 52.00

陽子の数	：24
存在する場所	：クロム鉄鉱、紅鉛鉱
融点／沸点	：1907℃／2671℃
発見年	：1797年
名前の由来	：ギリシャ語の「色(chroma)」。クロムの化合物がさまざまな色になることから。

乾電池の材料として知られる

マンガン

マンガンは鉄よりもかたい金属ですが、非常にもろいという特徴があります。

マンガンと酸素の化合物である二酸化マンガンは、乾電池の材料の1つです。くわしくは74ページで紹介しています。マンガンがふくまれた菱マンガン鉱は、きれいなピンク色をした鉱物で、アクセサリーにも使われることがあります。

菱マンガン鉱

マンガン *Manganese*

25 マンガン Mn 54.94

陽子の数	：25
存在する場所	：軟マンガン鉱、ハウスマン鉱、海底のマンガン団塊
融点／沸点	：1246℃／2061℃
発見年	：1774年
名前の由来	：マンガンをふくむ鉱石の産地「マグネシア地方（現在のギリシャ）」。

人類の生活を支えてきた金属

鉄

じょうぶで加工しやすい「鉄」は、大むかしから人々の生活とともにあった金属です。紀元前1500年ごろには、すでに鉄製品をつくる技術がありました。18世紀のおわりに産業革命がおき、鉄は工業製品の主役をになうようになります。まさに、鉄が人類の文明を発展させてきたといってもいいでしょう。

鉄は、私たちの体にもふくまれています。血液中のヘモグロビンにふくまれる鉄イオンは、酸素分子がたくさんある場所では酸素分子と結びつき、酸素分子の少ない場所では酸素分子をはなす性質があります。この性質を利用して、血液は肺から取り入れた酸素分子を体のあちこちへ運んでいくのです。

じょうぶな建物や道具にかかせない素材だね

鉄 *Iron*

26 鉄 **Fe** 55.85

陽子の数	：26
存在する場所	：赤鉄鉱、磁鉄鉱
融点／沸点	：1538℃／2863℃
発見年	：むかしから知られていた
名前の由来	：ラテン語名「ferrum」はラテン語の「強い（firums）」、英語名「iron」はケルト系古語で「聖なる金属」を意味する言葉が由来。

イギリスの鉄道橋「フォース橋」。鋼鉄（鉄と炭素を結びつけたもの）を使い、1890年に完成した。「鋼の恐竜」とよばれ、2015年には世界遺産に登録された。

美しい「青色」のもとになる

コバルト

コバルトは、むかしから陶器やガラスなどに青い色をつけるための色素として用いられてきました。この鮮やかな青色は、「コバルトブルー」とよばれます。また、コバルトをほかの金属と混ぜると、非常にかたくてじょうぶな合金ができるため、さまざまな工業製品に使われています。

コバルトで模様をつけた青花磁器

コバルト *Cobalt*

27 コバルト **Co** 58.93

陽子の数	：27
存在する場所	：スマルタイト、輝コバルト鉱
融点／沸点	：2870℃／2927℃
発見年	：1735年
名前の由来	：ドイツ民話に登場する「山の精(kobold)」。もしくは、ギリシア語の「鉱山(kobalos)」。

名前は「悪魔」だけど便利な金属

ニッケル

ニッケルは、ほかの元素と結びつきにくい安定した金属です。熱やさびに強いため、いろいろな場所にニッケルをふくんだ合金が使われています。たとえば、100円玉はニッケルと銅の合金です。また、隕石のなかには、ニッケルが多くふくまれているものがあります。

ニッケルと鉄でできたホバ隕石

ニッケル *Nickel*

28 ニッケル **Ni** 58.69

陽子の数	：28
存在する場所	：ラテライト、硫化鉱など
融点／沸点	：1453℃／2732℃
発見年	：1751年
名前の由来	：ドイツ語の「悪魔の銅(Kupfernickel)」(→60ページ)。

加工が簡単でむかしから使われてきた

銅

銅は、人類が最も古くから生活に取り入れてきた金属の1つです。たとえばイラク北部では、紀元前8800年ごろに天然の銅からつくられたと考えられる小さなビーズが見つかっています。

また、銅にスズ(→141ページ)を混ぜてできる青銅(ブロンズ)は、むかしの技術でも加工が簡単でした。日本でも、2000年ほど前の弥生時代につくられた青銅器が発見されています。

銅は「よくのびる」「熱や電気がよく伝わる」という性質があり、調理器具や電線に利用されています。また、アルミニウム(→108ページ)との合金である「アルミ銅」は、サビに強いため、装飾品に用いられています。

銅 *Copper*

陽子の数	：29
存在する場所	：黄銅鉱、赤銅鉱など
融点／沸点	：1084.4℃／2567℃
発見年	：むかしから知られていた
名前の由来	：古代の銅の産出地であるキプロス島のラテン語名「Cuprum」。

29 銅 Cu 63.55

青銅でつくられた像は「ブロンズ像」ともいい、世界各地で見られる。

味を感じるのに必要なミネラル

亜鉛

亜鉛は、金属の色や形が鉛（→158ページ）に似ていることから日本語ではこのようによばれていますが、鉛とは別の金属元素です。

亜鉛は、かつては鉛のように毒性をもつ金属と考えられていましたが、実は人の体に必要不可欠な成分です。体内の有害物質を無害化したり、排出したりするなど、生きていくために重要な多くの役割をになっています。亜鉛が不足すると、舌にある味を感じる器官である「味蕾」の細胞分裂がうまくいかなくなり、味覚障害がおこります。

また亜鉛と銅（→129ページ）の合金である「真鍮」は、強くて加工が簡単なので、金管楽器の素材になります。

亜鉛 *Zinc*

陽子の数	：30
存在する場所	：閃亜鉛鉱など
融点／沸点	：419.527℃／907℃
発見年	：1746年
名前の由来	：ドイツ語で「フォークの先のような形の」を意味する「Zinken」。溶鉱炉に沈澱した亜鉛の形にちなむ。

30 亜鉛 Zn 65.38

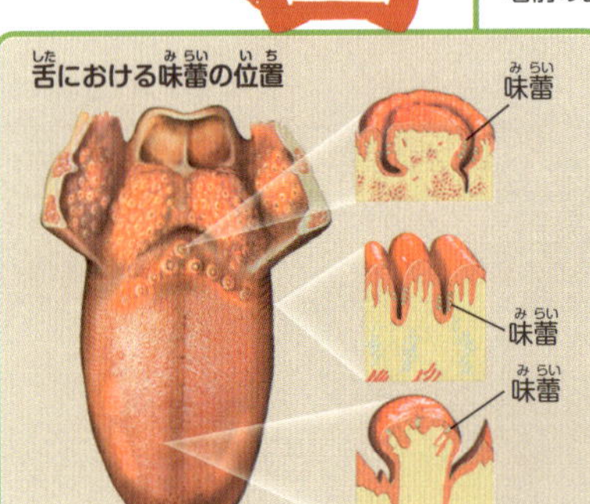

味蕾は舌の先からつけ根までいたるところにあり、場所によって細胞の形がちがう。

亜鉛と銅の合金「真鍮」でできたホルン。

LEDを光らせる元素

ガリウム

ガリウムは、私たちがよく目にするものでは、発光ダイオード(LED)に使われています。LED には、ガリウムとリン(→112ページ)の化合物を材料とする黄緑と赤色、そしてガリウムと窒素(→96ページ)の化合物を材料とする青色の3色があります。つまり、信号機は、ガリウムで光っているのです。

LED信号機

ガリウム *Gallium*

31 ガリウム **Ga** 69.72

陽子の数　：31
存在する場所：ボーキサイト、ガライト
融点／沸点　：29.7646℃／2403℃
発見年　：1875年
名前の由来　：発見者ド・ボアボードランの祖国フランスのラテン語名「ガリア(Gallia)」。

光通信をサポートする

ゲルマニウム

ゲルマニウムは、地球の表面に広く浅く広がっている元素です。赤外線を吸収しないので、赤外線カメラなどのレンズに使われています。

また、光ファイバーの内側にもゲルマニウムが使われています。光ファイバーは、管の内側で光を反射させることで通信しますが、ゲルマニウムを使うと、光の屈折率が上がり、より効率的に通信できるのです。

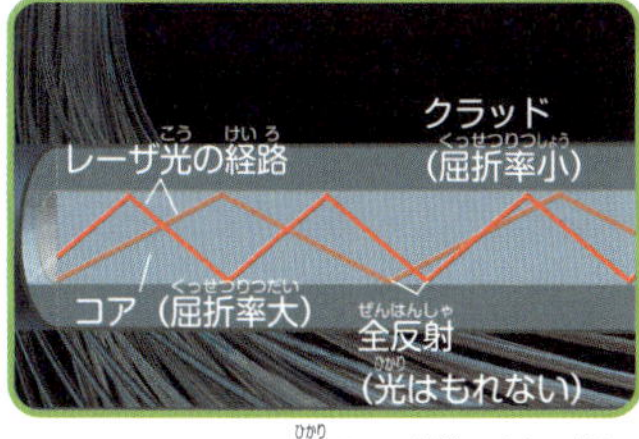

光ファイバーのしくみ

ゲルマニウム *Germanium*

32 ゲルマニウム **Ge** 72.63

陽子の数　：32
存在する場所：ゲルマナイト、レニエライト
融点／沸点　：938.25℃／2833℃
発見年　：1886年
名前の由来　：発見者ビンクラーの祖国ドイツの古代名「ゲルマニア(Germania)」。

毒として知られる元素

ヒ素

リモコンをふつうに使うぶんには安全だぞ

ヒ素は、毒として有名な元素です。19世紀、ヒ素を使用した鮮やかな緑色の顔料がヨーロッパを中心に流行し、壁紙やドレス、絵の具などに使用され、人々に大きな健康被害をもたらしたと考えられています。

ヒ素とガリウムの化合物は、赤外線を発します。そのため、家電製品のリモコンなどに使用されています。

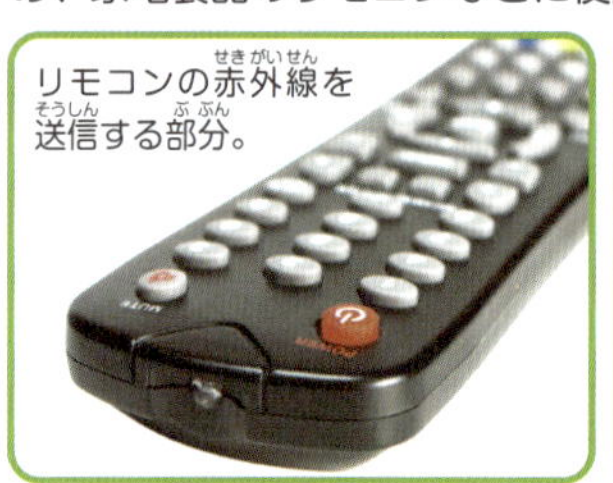
リモコンの赤外線を送信する部分。

ヒ素 *Arsenic*

33 ヒ素 As 74.92

陽子の数	：33
存在する場所	：石黄、鶏冠石
融点／沸点	：817℃(加圧下)／614℃(昇華)
発見年	：13世紀
名前の由来	：ギリシャ語の「雄黄（arsenikon)」(→59ページ)

ほかの元素とすぐくっつく

セレン

ロマンチックな名前だね

セレンは、ほとんどの元素と結合することができる元素です。ガラスに赤色·ピンク色·オレンジ色などの色をつけるための色素や、コピー機などに利用されています。

また、セレンは人体に必要な成分であり、生活習慣病の予防などさまざまな効用があります。ただし、摂取しすぎると強い毒性を示すので注意が必要です。

セレンの結晶

セレン *Selenium*

34 セレン Se 78.97

陽子の数	：34
存在する場所	：硫化物
融点／沸点	：221℃／685℃
発見年	：1817年
名前の由来	：ギリシャ神話の月の女神「セレーネ(selene)」。周期表で1つ下のテルル（→142ページ）が「地球」にちなむ名前だったことから。

紫色のもとになるくさい元素

臭素

臭素は、名前の通りイヤなにおいがする元素です。自然界では、ほかの元素と結びついた状態で存在します。

むかしから高貴な色として使われている「チリアンパープル(ロイヤルパープル、貝紫)」という紫色の染料には、臭素がふくまれています。この臭素は、アクキガイ科の巻貝からとっていました。

チリアンパープルで染めたストール。

臭素 *Bromine*

35
臭素
Br
79.90

陽子の数	：35
存在する場所	：臭銀鉱
融点／沸点	：-7.2℃／58.8℃
発見年	：1825年
名前の由来	：ギリシャ語の「悪臭(bromos)」。

電球を長もちさせる

クリプトン

クリプトンは、ほかの元素と結びつきにくい、安定した元素です。空気中にほんの少しだけ存在しています。

「クリプトン電球」には、クリプトンのガスが閉じ込められています。クリプトンには熱を伝えにくい性質があるため、電球の中にある電極（フィラメント）が長もちするのです。

クリプトン電球

クリプトン *Krypton*

陽子の数	：36
存在する場所	：空気中
融点／沸点	：-157.37℃／-153.415℃
発見年	：1898年
名前の由来	：ギリシャ語の「かくされたもの(kryptos)」。空気中にわずかしかふくまれず、なかなか発見されなかったため。

正確な原子時計に使われる

ルビジウム

ルビジウムを使った原子時計は誤差が少なく、GPS（人工衛星を利用して位置情報を知るシステム）用の人工衛星などに搭載されています。

放射性同位体（→50ページ）であるルビジウム87は、約497億年で半分の量に減ってしまうため、数十億年前の年代を測定する「ルビジウム-ストロンチウム年代測定法」に利用されます。

人工衛星は原子時計を積んでいる。

ルビジウム *Rubidium*

37 ルビジウム Rb 85.47

陽子の数	：37
存在する場所	：リチア雲母
融点／沸点	：312℃／961℃
発見年	：1861年
名前の由来	：ラテン語の「深い赤色(rubidus)」。赤い光の波長を出す物質であることから。

明るい赤色の火花を出す

ストロンチウム

ストロンチウムは、銀白色のやわらかい金属元素です。ストロンチウムと塩素の化合物は、明るい赤色を出して燃えるので、事故をほかの車に伝える発炎筒や花火などに使われています。

そのほか、ディスプレイに使うガラスや合金などにも利用されます。

赤色に輝く炎を出す発炎筒。

ストロンチウム *Strontium*

38 ストロンチウム Sr 87.62

陽子の数	：38
存在する場所	：天青石、ストロンチアン石
融点／沸点	：777℃／1377℃
発見年	：1790年
名前の由来	：ストロンチアン石が発見された、イギリスのスコットランドの村「ストロンチアン」。

金属なのにのびない

イットリウム

イットリウムは、銀白色の金属です。ただし、ほかの金属のようにのびる性質はありません。また、空気中で酸素分子と結びつきやすい（酸化しやすい）という特徴をもちます。

イットリウムとアルミニウム(→108ページ)などの酸化物は、照明に使われる白色LEDや、下の写真にある医療用のレーザーなどに使用されています。

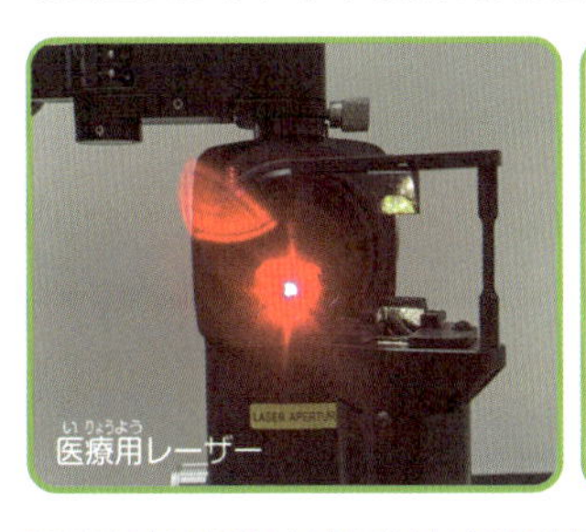
医療用レーザー

イットリウム *Yttrium*

39 イットリウム Y 88.91

陽子の数	：39
存在する場所	：モナズ石、バストネス石
融点／沸点	：1526℃／3345℃
発見年	：1794年
名前の由来	：スウェーデンの村「イッテルビー(Ytterby)」(→58ページ)。

ダイヤモンド級のかたさになる

ジルコニウム

ジルコニウムは、熱やサビに強い金属で、さまざまなところに使用されています。たとえばジルコニウムと酸素の化合物「ジルコニア」からつくられたセラミックスは、強度が高く、包丁や義歯などに使われます。また、ジルコニアを宝石のように加工して、装飾品に使う場合もあります。

ジルコニアでできた模造石。

ジルコニウム *Zirconium*

40 ジルコニウム Zr 91.22

陽子の数	：40
存在する場所	：ジルコン、バッデレイ石
融点／沸点	：1855℃／4377℃
発見年	：1789年
名前の由来	：アラビア語の「ジルコン(zargun)」(→59ページ)。

強い磁力でリニアを浮かせる

ニオブ

ニオブをふくむ合金は、強度が高く、変質しにくいという特徴があります。また、ニオブとチタン(→124ページ)の合金は、電力を消費せず強力な磁場を発生させる特殊な物体「超伝導体」になります。超伝導体は、磁力によって車体を重力にさからうように浮かせて走るリニアモーターカーに使用されます。

リニアモーターカー

ニオブ *Niobium*

41 ニオブ **Nb** 92.91

陽子の数	：41
存在する場所	：コロンブ石
融点／沸点	：2477℃／4744℃
発見年	：1801年
名前の由来	：ギリシャ神話に登場するタンタロス王の娘「ニオベー（Niobe)」。タンタロス王が名前の由来となったタンタル（→153ページ）に似た元素であることから。

マメの根っこの菌にふくまれる

モリブデン

モリブデンをふくんだ「ステンレス鋼」や「クロムモリブデン鋼」などの合金は、飛行機やロケットのエンジンなど、機械の材料として広く利用されています。
またマメ科の植物の根にいる「根粒菌」は、モリブデンイオンを使って、空気中から窒素(→96ページ)分子を取り込むための酵素をはたらかせます。

モリブデンをふくむ輝水鉛鉱（黒い部分）

モリブデン *Molybdenum*

42 モリブデン **Mo** 95.95

陽子の数	：42
存在する場所	：輝水鉛鉱
融点／沸点	：2623℃／4639℃
発見年	：1778年
名前の由来	：ギリシャ語の「鉛(molybdos)」。モリブデンをふくむ輝水鉛鉱が、鉛をふくむ鉱石に似ていることから（輝水鉛鉱に鉛はふくまれていない）。

はじめてつくられた人工元素

テクネチウム

テクネチウムは、人工的につくられた最初の元素で、すべて放射性同位体(→50ページ)です。

テクネチウムは、がんの骨転移を調べる放射性診断薬に使われます。下にならべた写真のうち、右側の写真では、がんがある場所にテクネチウムが多く集まって黒く見えています。

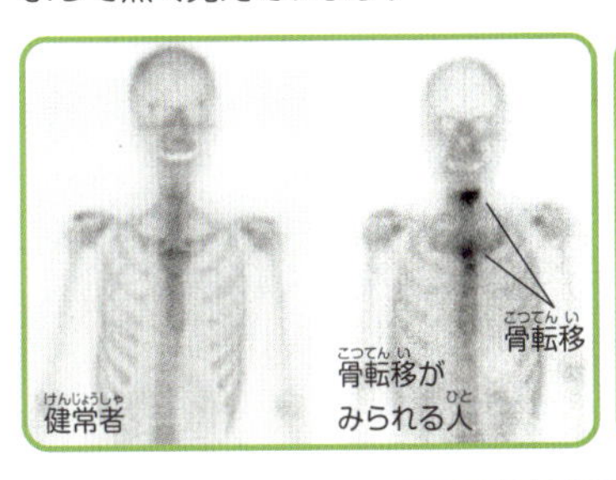

テクネチウム *Technetium*

43 テクネチウム Tc (99)

陽子の数	:43
存在する場所	:自然界には存在しない
融点/沸点	:2172℃/4877℃
発見年	:1936年
名前の由来	:ギリシャ語の「人工(tekhnetos)」。

ほかの金属の陰にかくれがち

ルテニウム

ルテニウムは、白金(→155ページ)やニッケル(→128ページ)、銅(→129ページ)を取り出すときに得られる元素です。ルテニウムは、白金やパラジウム(→138ページ)と合金にして、アクセサリーや電気接点をつくる材料として使われています。

ルテニウムの結晶

ルテニウム *Ruthenium*

44 ルテニウム Ru 101.1

陽子の数	:44
存在する場所	:硫化鉱
融点/沸点	:2334℃/4150℃
発見年	:1982年
名前の由来	:発見者オサンと命名者クラウスの祖国ロシアのラテン語名「ルテニア(Ruthenia)」。

自然界にわずかしかない元素

ロジウム

ロジウムは、自然界に少しだけ存在し、白金(→155ページ)や銅(→129ページ)を取り出すときに得られる元素です。

ロジウムは、じょうぶで美しい輝きがあるため、金属やガラスの装飾用メッキとして使用されています。また、自動車の排気ガス中の窒素酸化物などを分解する力があるため、「触媒」という部品に組み込まれています。

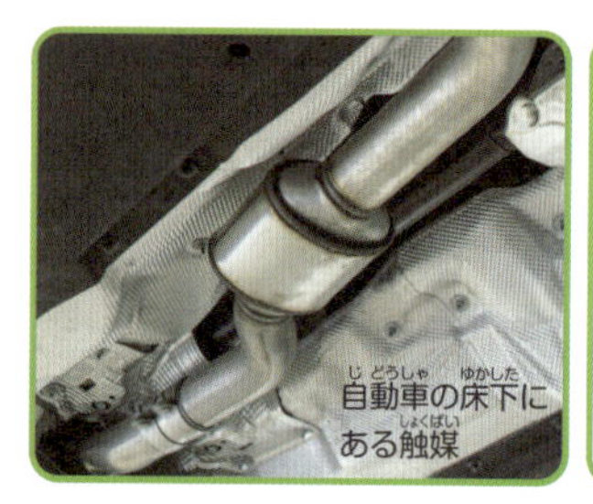
自動車の床下にある触媒

ロジウム *Rhodium*

45 ロジウム **Rh** 102.9

陽子の数	：45
存在する場所	：硫化鉱
融点／沸点	：1964℃／3695℃
発見年	：1803年
名前の由来	：ギリシャ語の「バラ(rhodon)」。塩化ロジウムの水溶液がバラのような赤色のため。

水素が通りぬけるふしぎな金属

パラジウム

パラジウムは、水素(→84ページ)を通りぬけさせる性質があるため、水素の精製に利用されています。

また、パラジウム合金は、自身の体積の900倍以上もの水素を吸収することができます。将来、水素がエネルギーとして使われるようになったら活躍できそうですが、パラジウムは高価なので、ほかの金属をかわりに使えないか探られています。

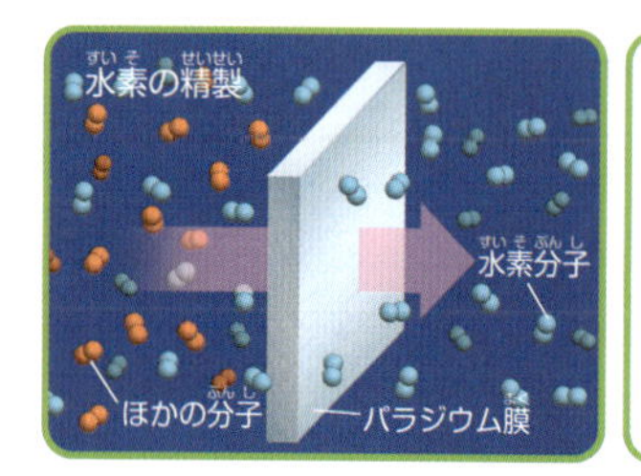

パラジウム *Palladium*

46 パラジウム **Pd** 106.4

陽子の数	：46
存在する場所	：硫化鉱
融点／沸点	：1554.9℃／3140℃
発見年	：1803年
名前の由来	：1802年に発見された小惑星「パラス（Pallas)」にちなむ。

銀ってカッコいいよな！
イカすカブトだろ～

キレイなだけではない！

銀

銀は、白っぽい輝きを放つ美しい金属です。加工もしやすいため、むかしから飾りやコインなどとして使われてきました。

銀の化学反応も古くから注目されてきました。たとえば、銀でできた食器は、毒薬にふくまれる硫黄がつくと黒く変色します。そのため、料理や飲み物に毒が盛られているかを確かめるのに使われました。

また、銀を陽イオン（→74ページ）にした銀イオンは、イヤなにおいのもとになる細菌にくっついて、細菌の呼吸に必要な酵素を止めてやっつける効果をもちます。そのため、衣類の防臭などに使われています。

銀 *Silver*

47 銀 **Ag** 107.9

陽子の数	：47
存在する場所	：自然銀、輝銀鉱
融点／沸点	：961.78℃／2162℃
発見年	：むかしから知られていた
名前の由来	：アングロサクソン語の「銀(sioltur)」。

島根県の石見銀山。戦国時代から大正時代まで400年以上銀が採掘されていた、日本最大の銀山。

中世に使われていた毒薬には硫黄がふくまれていた。銀は、硫黄と反応すると、黒色の硫化銀となる。そのため、銀でできた食器が用いられた。

元気いっぱいな黄色をつくる元素

カドミウム

カドミウムは、空気中でほかの元素と結びつきにくいので、サビ止め用のメッキとして利用されています。また、絵の具などで使われる鮮やかな黄色「カドミウムイエロー」は、カドミウムと硫黄の化合物でできています。

カドミウムは、何千回もくり返し充電できるニッカド電池にも使われます。

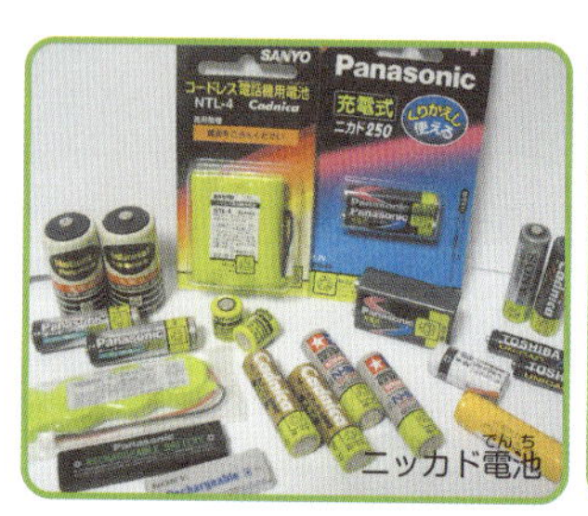

ニッカド電池

カドミウム *Cadmium*

48 カドミウム Cd 112.4

陽子の数	:48
存在する場所	:硫カドミウム鉱、亜鉛鉱石
融点/沸点	:321.07℃/767℃
発見年	:1817年
名前の由来	:カドミウムをふくむ鉱物であるスミソナイトやカラミンのラテン語名「カドミア(cadmia)」。

タッチパネルにかかせない

インジウム

インジウムは、やわらかい銀白色の金属です。空気中では、酸素分子と結びついてできた被膜におおわれています。

インジウムと酸素、スズ(→141ページ)でできた「酸化インジウムスズ」は、電気を通す性質をもちながら透明であることから、スマートフォンなどのタッチパネルにも使われています。

スマホのタッチパネルにはインジウムがふくまれる。

インジウム *Indium*

49 インジウム In 114.8

陽子の数	:49
存在する場所	:インジウム銅鉱、インダイト
融点/沸点	:156.6℃/2072℃
発見年	:1863年
名前の由来	:ラテン語の「藍色(indicum)」。藍色の光の波長を出す物質であることから。

漢字では「錫」だよ

やわらかくて扱いやすい

スズ

スズはむかしから使われてきた金属の1つです。やわらかくてよくのびる金属で、融点が低いため、かんたんに溶かすことができます。また、毒性がなく、さびにくいという特徴もあります。このため、スズはメッキとして使われることも多くあります。

金属の板にスズのメッキを施したものを「ブリキ」といい、おもに昭和時代のおもちゃや、缶詰などに見ることができます。

また、スズと鉛（→158ページ）などを合わせた合金である「はんだ」は、電子基板に部品を固定するための溶接（はんだ付け）に用いられます。

スズと鉛の合金は「はんだ」として、電子部品を回路に組み込むときに使用される。なお、鉛は有害物質なので、近年は鉛の含有量をできるだけ抑えたはんだも登場している。

スズ *Tin*

50
スズ
Sn
118.7

陽子の数	：50
存在する場所	：スズ石
融点／沸点	：231.928℃／2602℃
発見年	：むかしから知られていた
名前の由来	：ラテン語名「スタンナム（Stannum）」は、もとは鉛と銀の合金をあらわす言葉で、のちにスズを意味するようになった。英語の「ティン（Tin）」は古くからスズを意味する。

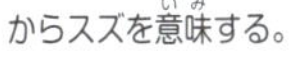

薄い鉄板にスズをメッキしたものが「ブリキ」である。ブリキは缶詰の缶や、昔ながらのおもちゃに使用されている。

ほかの金属をかたくする

アンチモン

アンチモン自体はもろい金属ですが、ほかの金属に混ぜることでじょうぶになります。たとえば、鉛蓄電池の電極などに使われています。

また、アンチモンはカーテンなどの繊維やプラスチック、ゴム製品などを燃えにくくするための防炎剤としても使用されています。

カーテンにアンチモンがふくまれていることがある。

アンチモン　*Antimony*

51
アンチモン
Sb
121.8

陽子の数	：51
存在する場所	：輝安鉱
融点／沸点	：630.63℃／1587℃
発見年	：むかしから知られていた
名前の由来	：ギリシャ語の「孤独をきらう(antimonos)」。自然界では単体で見つからないため。

「地球」の名をもつ毒の元素

テルル

地球代表ってわけじゃなさそうだ

テルルは金属と非金属の中間の元素で、人体に高い毒性をもちます。

テルルは光が当たると熱を伝えやすくするので、書きかえができるDVDなどに使用されています。

また、テルルの化合物は、電流を流すと熱を吸収したり放出したりするので、電子冷却装置にも使用されています。

テルルの結晶

テルル　*Tellurium*

52
テルル
Te
127.6

陽子の数	：52
存在する場所	：シルバニア鉱、カラベラス鉱
融点／沸点	：449.51℃／988℃
発見年	：1782年
名前の由来	：ラテン語の「地球(tellus)」。

細菌やウイルスをやっつける

ヨウ素

ヨウ素は、細菌やウイルスを包むタンパク質の性質をかえて、殺菌する作用をもちます。そのため消毒薬として使われるヨードチンキの材料になっています。

人体にとってかかせない元素の1つでもあり、自律神経やエネルギー消費の調節などをつかさどる「甲状腺ホルモン」は、ヨウ素の化合物でできています。

ヨードチンキ

ヨウ素 *Iodine*

53 ヨウ素 **I** 126.9

陽子の数　　　：53
存在する場所：海水、海藻
融点／沸点　　：113.7℃／184.3℃
発見年　　　　：1811年
名前の由来　　：ギリシャ語の「紫色(ioeides)」。ヨウ素の蒸気はスミレ色であることから。

小惑星探査機にも使われている

キセノン

キセノンは、ほかの元素と結びつきにくく、燃えにくいのが特徴です。

キセノンは小惑星探査機「はやぶさ2」のエンジンに使われています。

私たちに身近なところでは、皮膚の治療や、自動車のヘッドライト(キセノンランプ)などに使用されています。ただし、自動車のライトは近年LEDに置きかわりつつあります。

自動車のキセノンランプ

キセノン *Xenon*

54 キセノン **Xe** 131.3

陽子の数　　　：54
存在する場所：空気中
融点／沸点　　：-111.75℃／-108.099℃
発見年　　　　：1898年
名前の由来　　：ギリシャ語の「見慣れない(xenos)」。当時知られていたほかの元素にない性質をもっていたため。

「1秒間」を決めている

セシウム

セシウムは、ヒトの体温で溶けるほど融点が低い元素です。私たちにいちばん身近なセシウムの使い道は、ずばり「時間」です。世界標準時を決めている原子時計には、セシウム原子の同位体であるセシウム133が用いられています。

現在、「1秒間」は「セシウム133原子が91億9263万1770回振動する時間」と定義されています。

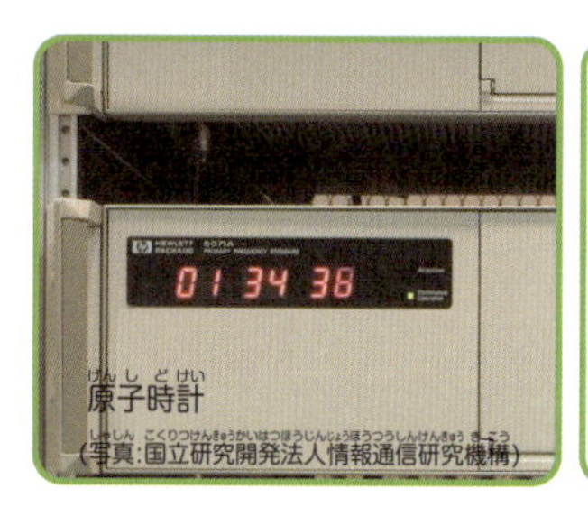
原子時計
(写真:国立研究開発法人情報通信研究機構)

セシウム *Caesium*

55 セシウム Cs 132.9

陽子の数	:55
存在する場所	:ポルクス石、リチア雲母
融点/沸点	:28.5℃/671℃
発見年	:1860年
名前の由来	:ラテン語の「空色(caesius)」。青い光の波長を出す物質であることから。

胃の検査に使われる

バリウム

バリウムといえば、大人は健康診断のときに胃の検査をするために「硫酸バリウム」というバリウムの化合物を飲むことがあります。バリウムは多くの電子をもち、X線を通しにくい性質があります。そのため、バリウムを飲んだあとにX線検査をすると、胃の形がよく見えるのです。

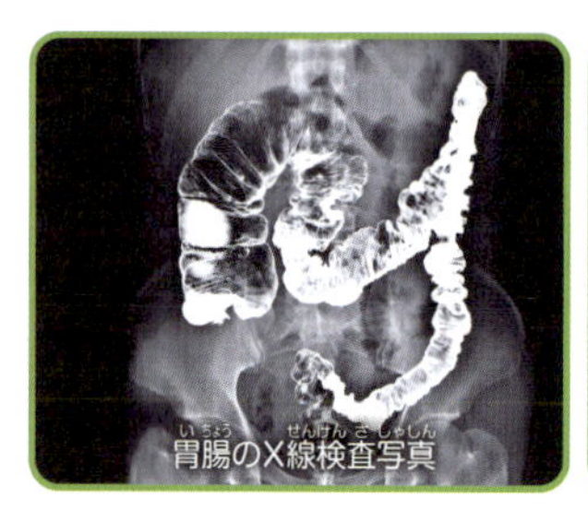
胃腸のX線検査写真

バリウム *Barium*

56 バリウム Ba 137.3

陽子の数	:56
存在する場所	:重晶石、毒重石
融点/沸点	:727℃/1845℃
発見年	:1808年
名前の由来	:ギリシャ語の「重い(barys)」。バリウムをふくむ鉱石は密度が高く重いため。

レンズの材料になる

ランタン

ランタンは、電子顕微鏡や望遠鏡に使う光学レンズの材料や、光学レンズをみがくための研磨剤などに利用されています。

近年は、ランタンとニッケル（→128ページ）の合金が、パラジウム（→138ページ）のように水素を蓄える金属として注目されています。

ランタンの結晶

ランタン *Lanthanum*

57 ランタン La 138.9

陽子の数	：57
存在する場所	：モナズ石、バストネス石
融点／沸点	：920℃／3464℃
発見年	：1839年
名前の由来	：ギリシャ語の「かくれる(lanthanein)」。ほかの物質にかくれていたため。

紫外線を吸収してくれる

セリウム

セリウムは、酸素と結びついて「酸化セリウム」になると、紫外線を吸収する効果をもちます。そのため、サングラスのレンズや、自動車などのUVカットガラス、日焼け止めなどに使われています。

また、ガラスの研磨剤や白色LED(照明など)にも使用されています。

セリウムの結晶

セリウム *Cerium*

58 セリウム Ce 140.1

陽子の数	：58
存在する場所	：モナズ石、バストネス石
融点／沸点	：795℃／3443℃
発見年	：1803年
名前の由来	：1801年に発見された小惑星「セレス(Ceres)」にちなむ。

緑がかった黄色になる

プラセオジム

プラセオジムは、本来は銀白色の金属ですが、常温の空気中では黄色になります。そのため、陶磁器を黄色や黄緑色に着色する釉薬(プラセオジムイエロー)に利用されています。また、プラセオジムを使った磁石は、じょうぶでさびにくいという特徴があります。

黄色の釉薬

プラセオジム *Praseodymium*

59 プラセオジム Pr 140.9

陽子の数：59
存在する場所：モナズ石、バストネス石
融点／沸点：935℃／3520℃
発見年：1885年
名前の由来：ギリシャ語の「ニラ(prasisos)」と「双子(didymos)」。プラセオジムのイオンは緑色であることと、「didymos」から名づけられた元素「ジジミウム」をさらに分解して発見されたことから。

強力な磁石の材料になる

ネオジム

ネオジムは、磁石に使用されています。ネオジムに鉄（→127ページ）を入れると、鉄の磁気のみならず、ネオジムの磁気までが同じ方向に固定されるため、強力な磁石になれるのです。この磁石は、1982年に日本の研究者である佐川眞人さんによって発明されました。

ネオジム磁石は、ハイブリッド自動車のモーターなどに利用されています。

ネオジム磁石とハイブリッド自動車

ネオジム *Neodymium*

60 ネオジム Nd 144.2

陽子の数：60
存在する場所：モナズ石、バストネス石
融点／沸点：1024℃／3074℃
発見年：1885年
名前の由来：ギリシャ語の「新しい(neo)」と「双子(didymos)」。「didymos」から名づけられた元素「ジジミウム」を分解して「新たに」発見されたことから。

放射線のエネルギーをひめた

プロメチウム

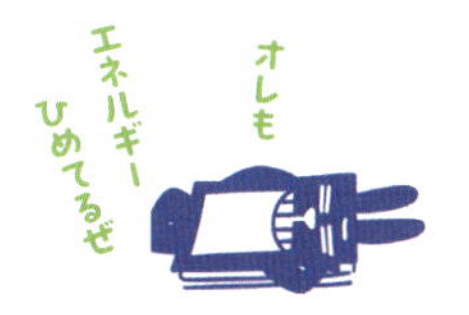

プロメチウムは、すべて放射性同位体（→50ページ）の元素です。自然界ではウラン鉱石中にごくわずかに存在します。

プロメチウムは、放射線を電気エネルギーに変換する「原子力電池(アイソトープ電池)」の燃料として利用されています。

原子力電池を搭載した惑星探査機ボイジャー

プロメチウム *Promethium*

61 プロメチウム **Pm** [145]

陽子の数	：61
存在する場所	：ウラン鉱石
融点／沸点	：1042℃／3000℃
発見年	：1947年
名前の由来	：ギリシャ神話の神「プロメテウス(prometheus)」(→59ページ)。

太陽系の誕生を知っている!?

サマリウム

サマリウムは、おもに永久磁石に使われています。高価なため、時計など小さなものに使われることがほとんどです。

また、放射性同位体（→50ページ）である「サマリウム147」は、はじめにあった量の半分に減ってほかの元素に変化するまでに1080億年かかります。そのため、太陽系の形成期までさかのぼった年代測定に用いられます。

サマリウムの結晶

サマリウム *Samarium*

62 サマリウム **Sm** 150.4

陽子の数	：62
存在する場所	：モナズ石、バストネス石
融点／沸点	：1072℃／1794℃
発見年	：1879年
名前の由来	：サマリウムが発見された鉱石である、ロシア·ウラル地方産出の「サマルスキー石(samarskite)」。

「ヨーロッパ」の名前がついた元素

ユウロピウム

ユウロピウムはレアアース（→80ページ）の１つで、かつてブラウン管のテレビなどに使われていました。

また、ヨーロッパで使われているユーロ紙幣には、ユウロピウムの化合物をふくんだインクが使われています。このインクは、紫外線を当てると光るため、紙幣の偽造防止に役立てられています。

ブラウン管のテレビ

ユウロピウム *Europium*

63
ユウロピウム
Eu
152.0

陽子の数　：63
存在する場所：モナズ石、バストネス石
融点／沸点　：826℃／1529℃
発見年　：1896年
名前の由来　：「ヨーロッパ(Europe)大陸」。

医療や原発を支える

ガドリニウム

ガドリニウムは、常温の状態で強い磁気をおびています。このため、かつてはMO（光磁気ディスク）に使われていました。

また、ガドリニウムは、原子炉の中性子を吸収したり、MRI 検査で 画像の濃淡を強調したりする薬品として使用されています。

MO（光磁気ディスク）

ガドリニウム *Gadolinium*

64
ガドリニウム
Gd
157.3

陽子の数　：64
存在する場所：モナズ石、バストネス石
融点／沸点　：1313℃／3266℃
発見年　：1880年
名前の由来　：レアアース（→80ページ）の元素研究の開拓者「ガドリン(Gadolin)」。

のびたり縮んだりできる

テルビウム

テルビウムは、スウェーデンのイッテルビー村(→58ページ)で発見された元素の1つで、ディスプレイなどに使用されています。

また、テルビウムをふくむ合金は、磁力をかけるとのびたり縮んだりする性質があるため、インクジェットプリンタの印字ヘッドによく用いられています。

テルビウムの結晶

テルビウム *Terbium*

65 テルビウム **Tb** 158.9

陽子の数	：65
存在する場所	：モナズ石、バストネス石
融点／沸点	：1356℃／3123℃
発見年	：1843年
名前の由来	：スウェーデンの村「イッテルビー(Ytterby)」(→58ページ)。

光を蓄えて暗闇で光る

ジスプロシウム

ジスプロシウムは、光のエネルギーをたくわえて発光する性質があります。そのため、誘導灯などの蓄光塗料として用いられています。

また、ジスプロシウムと鉛(→158ページ)の合金は、原子炉の使用済み核燃料の放射線をさえぎる遮蔽材として使用されています。

誘導灯

ジスプロシウム *Dysprosium*

66 ジスプロシウム **Dy** 162.5

陽子の数	：66
存在する場所	：モナズ石、バストネス石
融点／沸点	：1407℃／2567℃
発見年	：1886年
名前の由来	：ギリシャ語の「得がたい(dysprositos)」。発見するのが大変だったことから。

レーザー治療に使われる
ホルミウム

ホルミウムは、銀白色の金属です。空気中では比較的安定していますが、水に触れるとさびてボロボロになり、加熱すると燃えます。

ホルミウムは、医療用のレーザー治療器に利用されています。ほかのレーザーにくらべると生じる熱が少なく、患部の損傷がおさえられます。

ホルミウムの結晶

ホルミウム *Holmium*

陽子の数	：67
存在する場所	：モナズ石、バストネス石
融点／沸点	：1461℃／2700℃
発見年	：1879年
名前の由来	：発見者クレーベの出身地であるスウェーデンの首都ストックホルムのラテン語名「ホルミア(Holmia)」。

67 ホルミウム Ho 164.9

....

現代社会にかかせない光の運び屋
エルビウム

エルビウムは、同じ波長の光を吸収したり、放出したりする性質があります。そのため、光ファイバーによく用いられています。光ファイバーは、長距離でも光のエネルギーを弱めることなく伝えることができる光の伝送路です。また、エルビウムは医療用レーザーとしても活用されています。

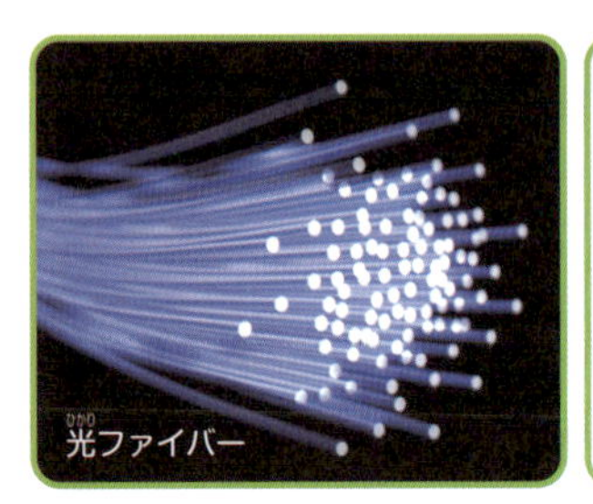
光ファイバー

エルビウム *Erbium*

陽子の数	：68
存在する場所	：モナズ石、バストネス石
融点／沸点	：1529℃／2868℃
発見年	：1843年
名前の由来	：スウェーデンの村「イッテルビー(Ytterby)」(→58ページ)。

68 エルビウム Er 167.3

光通信に必要なもう1つの元素

ツリウム

ツリウムは、エルビウム（→150ページ）と同様に、光ファイバーに使用されています。

エルビウムとはためこめる光の波長がことなるため、エルビウムとツリウムの両方を光ファイバーに使うことで、よりたくさんの光を増幅して運ぶことができます。

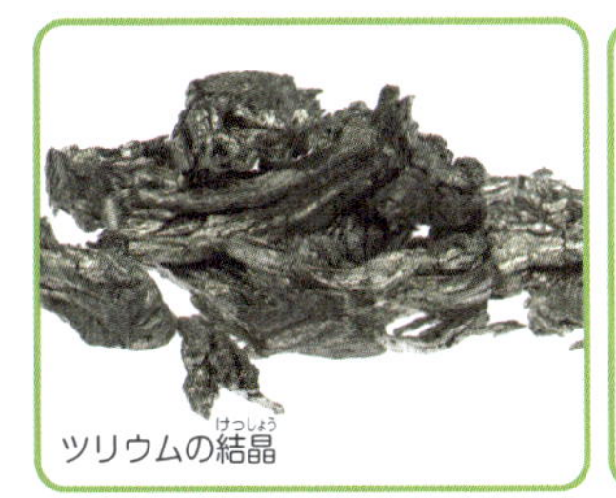
ツリウムの結晶

ツリウム *Thulium*

69 ツリウム **Tm** 168.9

陽子の数　：69
存在する場所　：モナズ石、バストネス石
融点／沸点　：1545℃／1950℃
発見年　：1879年
名前の由来　：スカンジナビア半島の旧地名「ツール(Thule)」。

イッテルビー村で見つかった元素の1つ

イッテルビウム

イッテルビウムは、「ガドリン石」にふくまれている元素です。このガドリン石はイッテルビー村（→58ページ）で発見されました。

イッテルビウムは、ガラスを黄緑色に着色するための色素や、合金をじょうぶにするための添加剤、光ファイバーなどに利用されています。

ガドリン石

イッテルビウム *Ytterbium*

70 イッテルビウム **Yb** 173.0

陽子の数　：70
存在する場所　：モナズ石、バストネス石
融点／沸点　：824℃／1196℃
発見年　：1878年
名前の由来　：スウェーデンの村「イッテルビー(Ytterby)」(→58ページ)。

がん治療の役に立つ？

ルテチウム

ルテチウムは、地球上にある量がとても少ないレアアース（→80ページ）の1つです。

ルテチウムは、近年は、がんを見つけるために体の断面の画像を見る装置に使用されることがあります。また、ルテチウムなどを投与して、体の内側からがん細胞をやっつける治療法の開発が進められています。

ルテチウムの結晶。

ルテチウム *Lutetium*

71 ルテチウム **Lu** 175.0

陽子の数　：71
存在する場所：モズナ石、バストネス石
融点／沸点　：1652℃／3402℃
発見年　：1907年
名前の由来　：命名者ユルバンの祖国フランスの首都パリの古い名前「ルテシア（lutecia）」。

ジルコニウムのそっくりさん

ハフニウム

ハフニウムは、銀色の重い金属です。中性子をよく吸収するので、原子炉の制御棒に使用されています。

ハフニウムは、ジルコニウム（→135ページ）と化学的な性質が似ているため、鉱物からこの2つの元素を分離して取り出すのはとてもむずかしいことです。

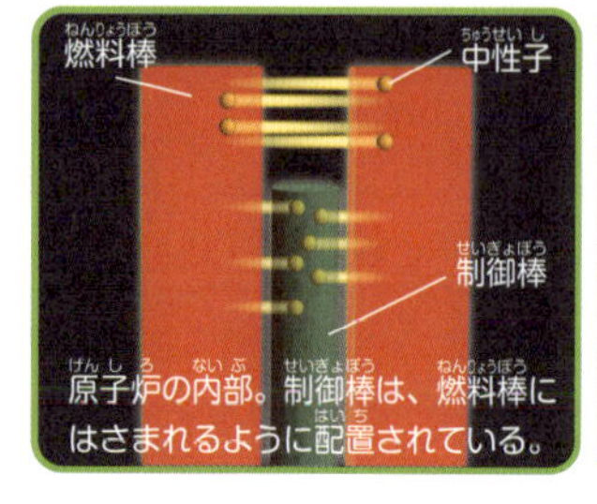

原子炉の内部。制御棒は、燃料棒にはさまれるように配置されている。

ハフニウム *Hafnium*

72 ハフニウム **Hf** 178.5

陽子の数　：72
存在する場所：ジルコン、バッデレイ石
融点／沸点　：2233℃／4603℃
発見年　：1924年
名前の由来　：ハフニウムが発見された研究所がある、デンマークの首都コペンハーゲンのラテン語名「ハフニア(Hafnia)」。

体に入れても安全な金属

タンタル

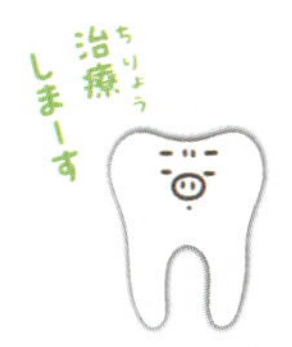

タンタルはかたい金属ですが、よくのびるため加工しやすいのが特徴です。タンタルは人体に無害なので、人工骨や歯のインプラント治療にも用いられています。また、電子部品として、スマートフォンやパソコンなどの電子機器に使用されています。

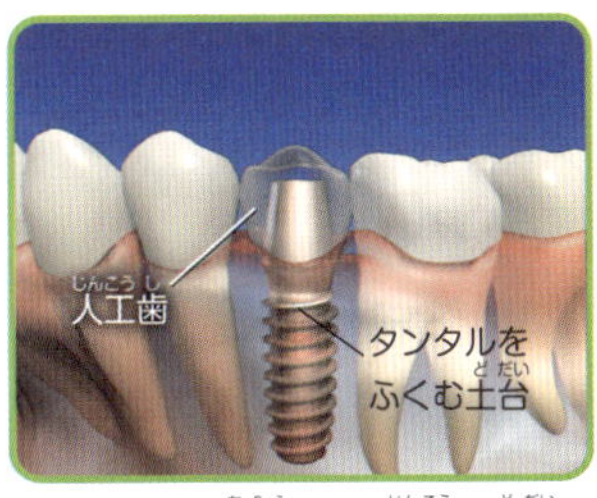

インプラント治療では、人工の土台をねじであごの骨に埋めこみ、その上に人工の歯を取りつける。

タンタル *Tantalum*

73 タンタル Ta 180.9

陽子の数	：73
存在する場所	：コルタン（コルンブ石）
融点／沸点	：3017℃／5458℃
発見年	：1802年
名前の由来	：ギリシャ神話の王タンタロス(Tantalus)。彼は、永遠に飢えとかわきが癒えない罰をあたえられた。そのため「タンタロス」には「もどかしい」などの意味がある。タンタルがなかなか取り出せなかった元素であることから。

融点の高さナンバー1

タングステン

タングステンは、すべての金属のうちで最も融点が高く、高温でもなかなか溶けません。また、細い線の形に加工することができるため、白熱電球のフィラメント(電極)などに使われます。タングステンの元素記号「W」は、鉄マンガン重石(wolframite)から発見されたことが由来となっています。

白熱電球のフィラメントは、電気を通すと高温になり光る。

タングステン *Tungsten*

陽子の数	：74
存在する場所	：鉄マンガン重石、灰重石
融点／沸点	：3422℃／5555℃
発見年	：1783年
名前の由来	：スウェーデン語の「重い石(tungsten)」。

熱が伝わりやすい

レニウム

レニウムは、地球の表面（地殻）に存在する量がとても少ない元素で、輝水鉛鉱という鉱物にわずかにふくまれています。

熱をよく伝える性質があり、高温をはかる道具にかかせない金属です。また、レニウムとタングステン（→153ページ）の合金は、航空宇宙産業などで使用されています。

ケースに入れられたレニウム。

レニウム *Rhenium*

75 レニウム Re 186.2

陽子の数	：75
存在する場所	：輝水鉛鉱
融点／沸点	：3186℃／5596℃
発見年	：1925年
名前の由来	：命名者ノダックたちの祖国ドイツに流れるライン川のラテン語名「Rhenus」。

「くさい」が名前！？

オスミウム

オスミウムは、すべての元素のなかで、最も比重が大きい（同じ体積でくらべたときに最も重い）金属です。イリジウム（→155ページ）と合金の状態（イリドスミン）で、白金鉱から取り出されます。

オスミウムの化合物「四酸化オスミウム」は、強烈なにおいを放つ毒性の高い物質です。

オスミウムの結晶。

オスミウム *Osmium*

76 オスミウム Os 190.2

陽子の数	：76
存在する場所	：白金鉱
融点／沸点	：3033℃／5012℃
発見年	：1803年
名前の由来	：ギリシャ語の「くさい(osme)」。オスミウムの化合物が強烈なにおいを発することから。

隕石にたくさんふくまれている

イリジウム

イリジウムは隕石に多くふくまれている元素で、恐竜が絶滅した約6550万年前の地層からも発見されています。このことは、「巨大隕石の衝突が恐竜の絶滅を引きおこした」という説の根拠になっています。

イリジウムをふくむ合金は、自動車の点火プラグなどに使われています。

イリジウムをふくんだ隕石が恐竜を絶滅させたのかもしれない。

イリジウム *Iridium*

陽子の数	：77
存在する場所	：イリドスミン
融点／沸点	：2446℃／4428℃
発見年	：1803年
名前の由来	：ギリシャ神話の虹の女神「イリス(Iris)」。イリジウムの化合物がさまざまな色になることから。

77 イリジウム Ir 192.2

きれいな銀色の輝き

白金

白金は、美しい銀白色の金属です。「プラチナ」ともよばれ、アクセサリーによく使われています。主な産出国は南アフリカ共和国とロシアで、全世界でとれる白金の84 %を産出しています。

白金は、自動車の排ガスを浄化する装置や石油精製、がんの治療薬などにも利用されています。

白金（プラチナ）のアクセサリー。

白金 *Platinum*

陽子の数	：78
存在する場所	：砂白金、クーパー鉱、スペリー鉱
融点／沸点	：1768.3℃／3825℃
発見年	：むかしから知られていた
名前の由来	：英語名の由来は、スペイン語の「小さな銀(platina)」。白金をはじめて元素と認識したのはスペインの探検家デ・ウロアとされている。

78 白金 Pt 195.1

何千年も輝きつづける金属の王様

金は、美しい黄金色の輝きをもつ金属です。なかなか取れない希少な金属のため、むかしから富の象徴とされてきました。

たとえば、紀元前14世紀ごろにエジプトを支配していたツタンカーメン王のミイラには、金でできたマスクがかぶせられていました。日本では、紀元前57年に後漢（現在の中国）の光武帝から贈られた「金印（金でできたはんこ）」が見つかっています。

金はさびにくく、電気を通しやすく、よくのびて加工しやすいという性質があります。そのため、装飾品以外にも導線や電気回路などさまざまな工業製品に利用されています。

金 Gold

79 金 Au 197.0

陽子の数	：79
存在する場所	：自然金
融点／沸点	：1064.18℃／2856℃
発見年	：むかしから知られていた
名前の由来	：元素記号Auは、ラテン語の「太陽の輝き(Aurum)」。英語名は、インドヨーロッパ語の「黄金(geolo)」。

ツタンカーメン王のミイラにかぶせられていた黄金のマスクは、今もなお輝きを放ちつづけている。これは、金がさびにくいためである。

液体状の毒の金属

水銀

水銀は、常温で液体になるただ1つの金属です。「水銀」という日本語の名前は、「水のような液体」で「銀のような白っぽい光沢をもつ」ことに由来します。水銀の化合物は強い毒性をもちます。1950年代に熊本県水俣市などで発生した水俣病は、工場から出たメチル水銀によって引きおこされました。

水銀は常温時は液体の姿をしている。

水銀 *Mercury*

80 水銀 Hg 200.6

陽子の数	：80
存在する場所	：自然水銀、辰砂など
融点／沸点	：-38.829℃／356.73℃
発見年	：むかしから知られていた
名前の由来	：ローマ神話の神「メルクリウス(mercurius)」。メルクリウスは水星(mercury)の由来でもある。空をあちこち動く水星とドロドロと流れる水銀のイメージを結びつけた、などの説がある。

心臓の血流を調べられる

タリウム

タリウムは、見た目や性質が鉛（→158ページ）とよく似ている金属です。タリウムの放射性同位体（→50ページ）は、心筋血流の検査に使用されます。毒性のある元素ですが、医療ではわずかな量を使うので問題ありません。また、タリウムと水銀（同じページ）の合金は、水銀よりも融点が低いため、極寒地用の温度計に使われています。

タリウムの結晶

タリウム *Thallium*

81 タリウム Tl 204.4

陽子の数	：81
存在する場所	：クルックス鉱、ローランド鉱など
融点／沸点	：304℃／1473℃
発見年	：1861年
名前の由来	：ギリシャ語の「緑の小枝(thallos)」。緑色の光の波長を出す物質であることから。

実は体に毒だった

鉛

鉛は、古くはエジプトやローマで医薬品や色をつけるための顔料として使われてきました。

融点が低くてやわらかく、加工しやすいうえ、サビに強いので、日本では水道管に使われてきました。しかし、鉛は体内に蓄積して健康被害を引きおこすことがわかったため、現在は水道管の取りかえが進められています。

現代では、鉛は自動車のバッテリーに使われる鉛蓄電池などに利用されています。

また、鉛の化合物がふくまれた「鉛ガラス」は、放射線をさえぎることができます。そのため、X線撮影室の操作室の窓ガラスなどに利用されています。

鉛 *Lead*

82 鉛 Pb 207.2

陽子の数	: 82
存在する場所	: 方鉛鉱、白鉛鉱など
融点/沸点	: 327.46℃/1749℃
発見年	: むかしから知られていた
名前の由来	: 不明。元素記号Pbはラテン語の「鉛(plumbum)」が由来。

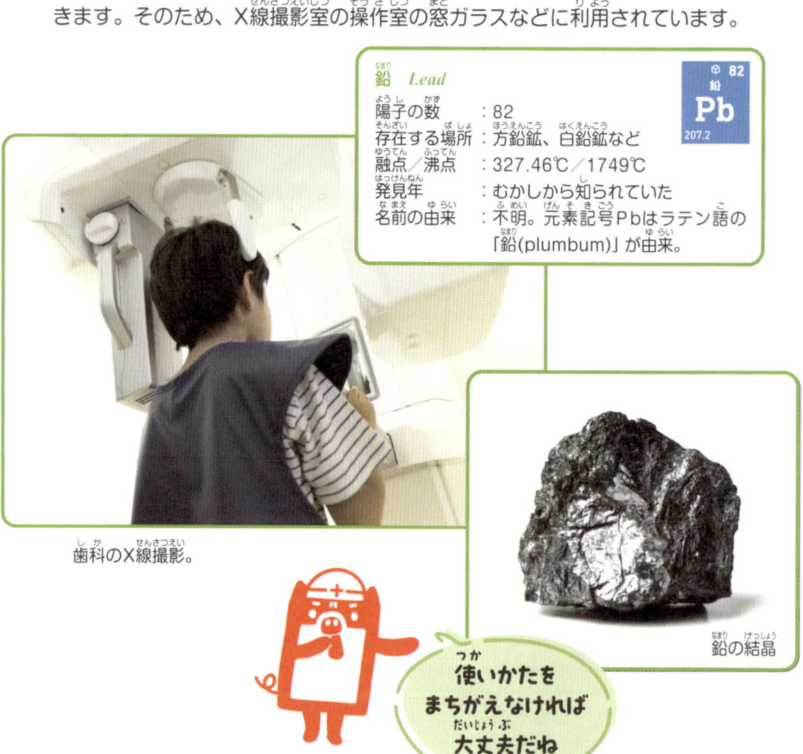

歯科のX線撮影。

鉛の結晶

カラフルな結晶ができる

ビスマス

ビスマスは、金属と非金属の中間の性質をもつ元素です。日本では「蒼鉛」ともよばれています。やわらかくて非常にもろく、銀白色の光沢があります。一度溶かしてからゆっくり冷やすと、美しい虹色の結晶になります。

火災用スプリンクラーの口金や、下痢止めの薬とし使われています。

ビスマスの結晶。虹色は、ビスマスが空気中の酸素と結びついてつくる膜。

ビスマス *Bismuth*

83 ビスマス Bi 209.0

陽子の数	：83
存在する場所	：輝蒼鉛鉱、ビスマイトなど
融点／沸点	：271.3℃／1564℃
発見年	：1753年
名前の由来	：ラテン語の「溶ける(bisemutum)」。ビスマスをふくむ合金は低めの温度で溶ける。

キュリー夫妻が発見した

ポロニウム

ポロニウムは、強い放射線を出してみずからこわれてしまう元素で、原子力電池などに利用されています。

1898年、ポーランド出身の物理学者マリ・キュリーと、マリの夫でフランスの物理学者のピエール・キュリーが、ウランをふくむ「ピッチブレンド」という鉱物から発見しました。

ポロニウム *Polonium*

84 ポロニウム Po (210)

陽子の数	：84
存在する場所	：ウラン鉱石
融点／沸点	：254℃／962℃
発見年	：1898年
名前の由来	：発見者マリ・キュリーの祖国「ポーランド(Poland)」。

名前の意味は「不安定」

アスタチン

アスタチンは、放射線（アルファ線）を出す元素です。放射線でがん細胞をこわすがん治療ができるのではないかと期待されています。

アスタチン　*Astatine*

陽子の数　：85
存在する場所：自然界には存在しない
融点／沸点　：不明／不明
発見年　：1940年
名前の由来　：ギリシャ語の「不安定な（astatos）」。すぐに崩壊してしまう元素であるため。

アスタチンはビスマス（→159ページ）を崩壊させてつくられるぞ

温泉にもふくまれる

ラドン

ラドンは、放射線を放つ元素です。温泉や地下水に溶けていることが知られていますが、どんな医学的効果があるかはあまりわかっていません。

ラドン　*Radon*

陽子の数　：86
存在する場所：ラジウム（→161ページ）の崩壊によって発生
融点／沸点　：-71℃／-61.7℃
発見年　：1900年
名前の由来　：「ラジウム（Radium）」。

秋田県仙北市の玉川温泉。ラドンがふくまれている。

まだまだ研究中

フランシウム

フランシウムは、天然にもごくわずかに存在する、放射線を放つ元素です。すぐにこわれてしまい、量も少ないため、化学的性質はほとんどわかっていません。

フランシウム　*Francium*

87
フランシウム
Fr
[223]

陽子の数　：87
存在する場所：ウラン鉱石
融点／沸点　：27℃／677℃
発見年　：1939年
名前の由来　：発見者ペレーの祖国「フランス（France）」。

放射線の危険な光
ラジウム

ラジウムは、放射線を放つ元素です。かつてラジウムをふくむ夜光塗料が時計などに使われていましたが、放射線により深刻な健康被害をもたらしました。

ラジウム *Radium*

陽子の数　：88
存在する場所：ウラン鉱石
融点／沸点　：700℃／1737℃
発見年　　：1898年
名前の由来　：ラテン語の「光線、放射(radius)」。

現代の時計に使われている夜光塗料はもちろん安全。

「放射線」が名前の由来
アクチニウム

アクチニウムは、放射線を出す元素で、暗い場所で青白く光ります。アスタチン（→160ページ）同様、がん治療への応用が期待されています。

アクチニウム *Actinium*

89
アクチニウム
Ac
[227]

陽子の数　：89
存在する場所：ウラン鉱石
融点／沸点　：不明／不明
発見年　　：1899年
名前の由来　：ギリシャ語の「放射線（aktis)」。強い放射性をもつことから。

ラジウムが崩壊して
アクチニウムが
できるんだぜ

街を明るく照らした
トリウム

トリウムは、銀白色の金属で、放射線を放ちます。熱を加えると強い光を放つので、かつて街灯として使われていたガス灯に利用されていました。

トリウム *Thorium*

陽子の数　：90
存在する場所：モナズ石、トール石
融点／沸点　：1750℃／4788℃
発見年　　：1828年
名前の由来　：トリウムが発見されたトール石の由来である北欧神話の雷神「トール(Thor)」。

ガスを利用した照明「ガス灯」。

海底調査に役立つ
プロトアクチニウム

プロトアクチニウムは、放射線を放つ元素です。海底沈積層（海底の鉱石や生物の遺骸など）がいつできたかを調べる年代測定に使われます。

プロトアクチニウム　*Protactinium*

陽子の数　：91
存在する場所：トリウム（→161ページ）の崩壊により発生
融点／沸点　：不明／不明
発見年　：1918年
名前の由来　：「アクチニウム（Actinium）の前（proto）」。

原子力発電の燃料
ウラン

ウランは、原子力発電（→52ページ）に利用されています。ウランをふくんだガラスは、ブラックライトを当てると黄緑色の光を出します。

ウラン　*Uranium*

陽子の数　：92
存在する場所：ピッチブレンドなど
融点／沸点　：1132.2℃／4131℃
発見年　：1789年
名前の由来　：1781年に発見された天王星（Uranus）にちなむ。

ウランガラス
19～20世紀中頃までヨーロッパやアメリカでつくられていた。

「海王星」の名をもつ
ネプツニウム

ネプツニウムは、原子番号が次のプルトニウムをつくるのに用いられます。ネプツニウム以降の元素は「超ウラン元素」とよばれ、すべて人工元素です。

ネプツニウム　*Neptunium*

陽子の数　：93
存在する場所：ウラン鉱石
融点／沸点　：不明／不明
発見年　：1940年
名前の由来　：「海王星（Neptune）」。1つ前の原子番号のウランが「天王星」を由来とした名前のため。

海王星

原発や宇宙で活躍
プルトニウム

プルトニウムは人工的に合成された元素です。原子力発電の燃料、人工衛星や惑星探査機などに搭載される「原子力電池」のエネルギー源として利用されます。

プルトニウム *Plutonium*

94 プルトニウム **Pu** (239)

陽子の数	：94
存在する場所	：ウラン鉱石
融点／沸点	：639.4℃／3228℃
発見年	：1940年
名前の由来	：「冥王星（Pluto）」。1つ前の原子番号のネプツニウムが「海王星」を由来とした名前のため。

惑星探査機などに搭載される原子力電池は、寿命が数十年もある。

「アメリカ大陸」で発見
アメリシウム

アメリシウムは、原子番号が1つ前のプルトニウムをもとに合成された元素です。金属の厚みを計測する機器や、煙感知器などに使用されています。

アメリシウム *Americium*

陽子の数	：95
存在する場所	：自然界には存在しない
融点／沸点	：不明／不明
発見年	：1945年
名前の由来	：発見地である「アメリカ（America）大陸」。

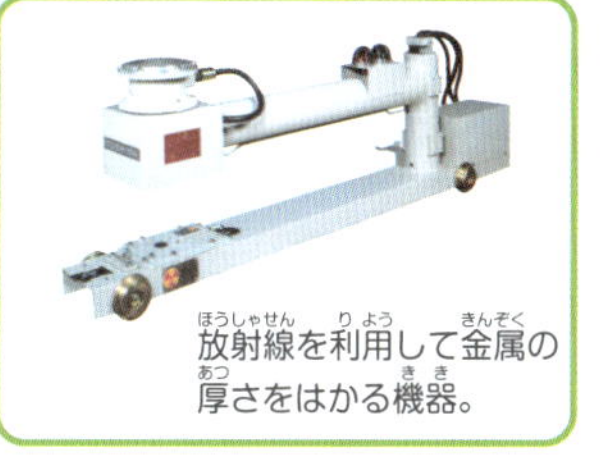
放射線を利用して金属の厚さをはかる機器。

キュリー夫妻にちなんだ
キュリウム

キュリウムは、原子番号が2つ前のプルトニウムから合成された元素です。かつては原子力電池のエネルギー源に用いられました。

キュリウム *Curium*

陽子の数	：96
存在する場所	：自然界には存在しない
融点／沸点	：不明／不明
発見年	：1944年
名前の由来	：放射能の研究で名を残した「キュリー(Curie)夫妻」をたたえて命名された。

アメリカの大学で合成

バークリウム

バークリウムは、アメリシウム（→163ページ）をもとに合成された元素です。名前の由来になった大学では、多くの人工元素の合成に成功しています。

バークリウム *Berkelium*

陽子の数	：97
存在する場所	：自然界には存在しない
融点／沸点	：不明／不明
発見年	：1949年
名前の由来	：発見者シーボーグが教授をしていた「カリフォルニア大学バークレー(Berkeley)校」。

バークレーはアメリカの東海岸にある町。

原子炉をスタートする

カリホルニウム

カリホルニウムは、キュリウム（→163ページ）をもとに合成された元素です。みずから核分裂をおこすので、原子炉の始動などに使われています。

カリホルニウム *Californium*

陽子の数	：98
存在する場所	：自然界には存在しない
融点／沸点	：900℃／1470℃
発見年	：1950年
名前の由来	：発見者シーボーグが教授をしていた「カリフォルニア(California)大学」。

原子核が勝手に分裂しちゃうんだって

水爆実験でたまたま発見

アインスタイニウム

アインスタイニウムは、1952年にアメリカが行った、人類初の水爆実験の灰の中から偶然発見された元素です。常温で気体になりやすい金属です。

アインスタイニウム *Einsteinium*

陽子の数	：99
存在する場所	：自然界には存在しない
融点／沸点	：不明／不明
発見年	：1952年
名前の由来	：20世紀を代表する物理学者アインシュタイン(Einstein)をたたえて命名された。

アインシュタイン
(1879～1955)

アインスタイニウムと一緒に発見

フェルミウム

フェルミウムは、原子番号が1つ前のアインスタイニウムと同じく、水爆実験の灰から見つかりました。原子炉でもつくれますが、すぐにこわれてしまいます。

フェルミウム *Fermium*

陽子の数 : 100
存在する場所 : 自然界には存在しない
融点／沸点 : 不明／不明
発見年 : 1952年
名前の由来 : はじめて原子炉を完成させた原子物理学者フェルミ(Fermi)をたたえて命名された。

フェルミ
(1901〜1954)

由来は周期表の生みの親

メンデレビウム

メンデレビウムは、アインスタイニウム(→164ページ)をもとに合成されました。すぐにこわれてしまうため、なぞの多い元素です。

メンデレビウム *Mendelevium*

陽子の数 : 101
存在する場所 : 自然界には存在しない
融点／沸点 : 不明／不明
発見年 : 1955年
名前の由来 : 44ページで紹介したメンデレーエフ(Mendelejev)をたたえて命名された。

メンデレーエフ
(1834〜1907)

ノーベル賞と同じ由来

ノーベリウム

ノーベリウムは、キュリウム(→163ページ)をもとに合成された元素です。名前は、「ノーベル賞」設立のきっかけになった科学者ノーベルが由来です。

ノーベリウム *Nobelium*

陽子の数 : 102
存在する場所 : 自然界には存在しない
融点／沸点 : 不明／不明
発見年 : 1958年
名前の由来 : ダイナマイトを発明した科学者ノーベル(Nobel)をたたえて命名された。

ノーベル
(1833〜1896)

加速器の発明者をたたえた

ローレンシウム

ローレンシウムは、カリホルニウム（→164ページ）をもとに合成された元素です。近年、ローレンシウムの電子のならびかたについて議論がつづいています。

ローレンシウム *Lawrencium*

陽子の数：103
存在する場所：自然界には存在しない
融点／沸点：不明／不明
発見年：1961年
名前の由来：多くの人工元素の発見に貢献した「サイクロトロン」という加速器を発明した物理学者ローレンス(Lawrence)をたたえて命名された。

「原子物理学の父」にちなむ

ラザホージウム

ラザホージウムは、人工的に合成された元素です。ハフニウム（→152ページ）やジルコニウム（→135ページ）に似た化学反応を示します。

ラザホージウム *Rutherfordium*

陽子の数：104
存在する場所：自然界には存在しない
融点／沸点：不明／不明
発見年：1969年
名前の由来：原子物理学の父とよばれる物理学者ラザフォード(Rutherford)をたたえて命名された。

周期表が見直されるかも？

ドブニウム

ドブニウムはなぞの多い人工元素です。周期表は、ドブニウムが金属であることを示していますが、近年の実験で金属としての性質が弱いことがわかりました。

ドブニウム *Dubnium*

陽子の数：105
存在する場所：自然界には存在しない
融点／沸点：不明／不明
発見年：1970年
名前の由来：ドブニウムを合成したチームの研究所があるロシアのドゥブナ(Dubna)。

ドゥブナはロシアの首都モスクワの北にある地名。

人工元素の第一人者が由来

シーボーギウム

シーボーギウムは、カリホルニウム（→164ページ）をもとに合成された元素です。すぐにこわれてしまうため、くわしいことはよくわかっていません。

シーボーギウム *Seaborgium*

陽子の数　：106
存在する場所：自然界には存在しない
融点／沸点：不明／不明
発見年　：1974年
名前の由来：9つの人工元素を合成した化学者シーボーグ(Seaborg)をたたえて命名された。

シーボーギウムの合成が行われたカリフォルニア大学バークレー校。

電子殻を見つけた学者にちなむ

ボーリウム

ボーリウムは、鉛（→158ページ）をもとにつくられた元素です。すぐにこわれてしまうため、どんな性質があるかはよくわかっていません。

ボーリウム *Bohrium*

107 ボーリウム Bh [272]

陽子の数　：107
存在する場所：自然界には存在しない
融点／沸点：不明／不明
発見年　：1981年
名前の由来：物理学者ボーア(Bohr)をたたえて命名された。ボーアは、原子の姿がまだ解明されていない20世紀前半に、原子核のまわりに電子が動きまわる軌道(電子殻)があると考えた。

ボーア
(1885～1962)

ドイツの州から名づけられた

ハッシウム

ハッシウムは、鉛（→158ページ）をもとに合成された元素です。常温では固体の金属で、オスミウム（→154ページ）と似た性質があります。

ハッシウム *Hassium*

陽子の数　：108
存在する場所：自然界には存在しない
融点／沸点：不明／不明
発見年　：1984年
名前の由来：ハッシウムを合成した研究所がある、ドイツのヘッセン州のラテン語名「ハッシア(hassia)」。

ヘッセン州は、ドイツ中央西部にある。

由来は女性の物理学者

マイトネリウム

マイトネリウムは、ビスマス（→159ページ）をもとに合成されました。寿命が短く、最も安定した同位体でも、4.4秒で半分の量まで減ってしまいます。

マイトネリウム *Meitnerium*

陽子の数　：109
存在する場所：自然界には存在しない
融点／沸点　：不明／不明
発見年　　：1982年
名前の由来　：核分裂を発見した物理学者の1人であるマイトナー(Meitner)をたたえて命名された。

マイトナー(1878～1968)

ドイツの町の名の元素

ダームスタチウム

ダームスタチウムは、鉛（→158ページ）をもとにつくられた元素です。最も安定した同位体でも、11.1秒で半分の量に減ります。

ダームスタチウム *Darmstadtium*

110
ダームスタチウム
Ds
(281)

陽子の数　：110
存在する場所：自然界には存在しない
融点／沸点　：不明／不明
発見年　　：1994年
名前の由来　：ダームスタチウムを合成した研究所がある、ドイツの「ダルムシュタット(Darmstadt)」。

ダルムシュタットは、ドイツのヘッセン州にある町。

X線発見の100周年記念

レントゲニウム

レントゲニウムは、ビスマス（→159ページ）をもとに合成されました。レントゲンがX線を発見したほぼ100年後に発見されたため、この名がつきました。

レントゲニウム *Roentgenium*

陽子の数　：111
存在する場所：自然界には存在しない
融点／沸点　：不明／不明
発見年　　：1994年
名前の由来　：X線を発見した物理学者レントゲン(Roentgen)をたたえて命名された。

X線が発見された実験で使われた「クルックス管」。真空に放電する装置。

星の動きは電子の動きに似てる？

コペルニシウム

コペルニシウムは、鉛（→158ページ）に亜鉛（→130ページ）イオンを衝突させて合成された元素です。

コペルニシウムの名前の由来となったのは、地動説を唱えた天文学者コペルニクスです。地動説（太陽のまわりを惑星がまわる）は、原子核のまわりを電子がまわるイメージにも応用されました。

コペルニクス
(1473～1543)

コペルニシウム　*Copernicium*

112 コペルニシウム **Cn** [285]

陽子の数	：112
存在する場所	：自然界には存在しない
融点／沸点	：不明／不明
発見年	：1996年
名前の由来	：地動説を唱えた天文学者コペルニクス(Copernicus)をたたえて命名された。

日本で発見された元素

ニホニウム

ニホニウムは、日本ではじめて合成され、名前がつけられた元素です。欧米諸国以外の国の研究チームが元素に名前をつけるのは、これがはじめてのことです。

ニホニウムは、ビスマス（→159ページ）に亜鉛（→130ページ）イオンを衝突させることで合成されます。

ニホニウム　*Nihonium*

113 ニホニウム **Nh** [278]

陽子の数	：113
存在する場所	：自然界には存在しない
融点／沸点	：不明／不明
発見年	：2004年
名前の由来	：発見地である「日本(Nihon)」。

ニホニウムを合成した理化学研究所から最寄りの和光市駅までの道は「ニホニウム通り」と名づけられ、118個の元素を記したプレートが設置されている。

なぞが解けてきた！？

フレロビウム

フレロビウムは、人工的に合成されました。なぞの多い元素ですが、「気体になりやすい」「ほかの元素と反応しにくい」という性質があるかもしれません。

フレロビウム *Flerovium*

陽子の数　：114
存在する場所：自然界には存在しない
融点／沸点　：不明／不明
発見年　：1999年
名前の由来　：重イオン物理学の開拓者フレロフ(Flyorov)をたたえて命名された。

名前はロシアの州から

モスコビウム

モスコビウムは、アメリシウム（→163ページ）をもとに合成された元素です。こわれていく途中でニホニウム（→169ページ）になります。

モスコビウム *Moscovium*

115
モスコビウム
Mc
(289)

陽子の数　：115
存在する場所：自然界には存在しない
融点／沸点　：不明／不明
発見年　：2003年
名前の由来　：モスコビウムを合成した研究所があるロシアの「モスクワ(Moscow)州」。

モスコビウムを合成したドゥブナ合同原子核研究所の本部。

フレロビウムと同時期に命名

リバモリウム

リバモリウムは、キュリウム（→163ページ）をもとに合成された元素です。原子番号が2つ前のフレロビウムと同時期に名前がつきました。

リバモリウム *Livermorium*

陽子の数　：116
存在する場所：自然界には存在しない
融点／沸点　：不明／不明
発見年　：2000年
名前の由来　：リバモリウムが合成されたアメリカの「ローレンス・リバモア(Livermore)国立研究所」。

アメリカとロシアの共同作業

テネシン

テネシンは、バークリウム（→164ページ）をもとに合成された元素です。アメリカとロシアの合同研究チームにより発見されました。

テネシン *Tennessine*

陽子の数	：117
存在する場所	：自然界には存在しない
融点／沸点	：不明／不明
発見年	：2010年
名前の由来	：テネシンを合成した研究所があるアメリカの「テネシー(Tennessee)州」。

すぐにこわれて
1秒にも満たない時間で
半分の量になっちゃうよ

118個の元素で最も重い

オガネソン

オガネソンは、カリホルニウム（→164ページ）をもとに合成されました。原子番号118は、現在発見されているなかで最も重い元素であることを示します。

オガネソン *Oganesson*

118
オガネソン
Og
[294]

陽子の数	：118
存在する場所	：自然界には存在しない
融点／沸点	：不明／不明
発見年	：2002年
名前の由来	：重元素の発見に貢献した物理学者オガネシアン（Oganessian)をたたえて命名された。

119番目の元素はできる？

現在、ドイツやアメリカ、ロシア、そして日本が、原子番号119以降の元素の合成にチャレンジしています。日本の理化学研究所は、キュリウム（→163ページ）とバナジウム（→125ページ）を衝突させて119番目の元素をつくろうとしています。

用語解説

【イオン】プラスやマイナスの電気をもった原子または原子の集まりのこと。原子は、マイナスの電気をおびた電子を手放すとプラスの電気をおびた「陽イオン」に、電子を受け取るとマイナスの電気をおびた「陰イオン」になる。

【核分裂】ウランなどの原子核が、中性子を吸収すると2つに分裂して、それぞれがことなる元素になること。

【核融合反応】ある原子核と別の原子核が何らかの原因によって衝突すると、2つの原子核が合体して、より原子番号の大きい元素になる現象のこと。

【化合物】2種類以上の元素が結びついた分子が集まってできた物質。たとえば、水は水素原子2つに酸素原子1つが結合してできた分子による化合物である。

【加速器】電子や陽子、原子核などを電気エネルギーで加速して衝突、融合させることで、新たな元素をつくり出すことができる装置。

【金属】薄く、もしくは細長くのばすことができ、電気や熱をよく伝え、特有の光沢がある元素や物質のこと。

【原子】この本では、元素の粒子のこと。原子の中心部には、プラスの電気をおびた原子核があり、その周囲をマイナスの電気をおびた電子が飛びまわっている。

【原子核】プラスの電気をおびた陽子と、電気をおびていない中性子という2種類の粒子が集まってできている。

【原子番号】原子核の中にある陽子の数のこと。陽子の数は、元素の種類を決める重要な要素。

【原子量】炭素原子の同位体の質量を「12」としたときの、それぞれの原子の重さ（相対質量）。

【元素】それ以上分けることができない最小の物質。たとえば、水は酸素と水素に分解できるが、酸素と水素はそれ以上別の物質に分けることができない。したがって酸素や水素は「元素」である。地球上に天然に存在する元素は、水素からプルトニウムまでの94種類。自然界に安定して存在しない元素を発見するには、人工的に合成する必要がある。新しく発見された元素の名前は、国際純正・応用化学連合（IUPAC）で議論されたうえで決められる。

【周期】周期表の横の列。電子殻の数が同じ元素がならんでいる。現在の周期表では7周期まである。

【自由電子】金属の結晶中では、原子の最も外側にある電子殻どうしが重なりあい、つながっている。この電子殻を伝って、自由電子とよばれる電子が原子間を自由に飛びまわっている。金属のもつ性質は、自由電子によって生みだされるものが多い。

【族】周期表の縦の列。原子の最も外側の電子殻にある電子の数が同じ元素がならんでいる。現在の周期表では18族まである。

【電子】原子核のまわりを飛びまわる、マイナスの電気をおびた粒。

【電子殻】原子核のまわりに層のように存在している、電子が飛びまわることのできる領域。原子の内側からK殻・L殻・M殻とよばれ、それぞれの電子殻に存在する電子の最大数は2個、8個、18個と決まっている。

【同位体】原子番号（陽子の数）が同じで、中性子の数がことなる元素。

【単体】1種類の元素からなる純粋な物質。たとえば、空気中にふくまれている気体の酸素分子は、酸素原子が2つ結合した単体である。

【中性子】プラスの電気もマイナスの電気もおびていない粒子。陽子とともに原子核を構成する。中性子そのものは不安定な物質で、単独ではいずれ陽子に変化する。

【半減期】放射性同位体が崩壊をおこして、もとの個数の半分になるまでの時間。

【半導体】電気や熱をよく伝える物質を「導体」という。これに対し、導体ほどは電気を伝えない物質を「半導体」という。高温になるほど電気をよく伝える性質をもつ。また、半導体の性質をもつ物質を使った電子部品を指す場合もある。

【沸点】液体が気体になりはじめる温度。たとえば、水の沸点は100℃である。

【分子】原子が結びついて、ひとまとまりになったもの。

【放射性同位体】放射線、つまり高いエネルギーをもつ粒子の流れや光（電磁波）を出す同位体のこと。

【融点】固体が液体になりはじめる温度。たとえば、水の融点は0℃である。

【陽子】プラスの電気をおびた粒子。原子核を構成する陽子の数によって元素の種類（原子番号）が決まる。

【レアアース（希土類元素）】57番のランタンから71番のルテチウムまでの元素に、スカンジウムとイットリウムを加えた17元素。レアメタルのなかでもとくに希少。

【レアメタル（希少金属）】一般的には、何らかの理由により希少な金属や半金属をさす。レアメタルとされている元素の数は、研究者や国によってことなる。日本の経済産業省は1980年代に47の元素をレアメタルとよぶことにした。

Photograph

12-13 （ナトロン湖）JUAN CARLOS MUNOZ/stock.adobe.com,（フラミンゴ）macs/stock.adobe.com
14-15 Mazur Travel/stock.adobe.com
16-17 川尻博巳/stock.adobe.com
18 （国見温泉）Public domain,（乳頭温泉）L.tom/stock.adobe.com,（海地獄）TOMO/stock.adobe.com,（血の池地獄）cassis/stock.adobe.com
29 （エメラルド）Minakryn Ruslan/stock.adobe.com,（アメジスト）Visual Voyager/stock.adobe.com,（ルビー）vitaly tiagunov/stock.adobe.com,（スピネル）Gems tones Collection/stock.adobe.com,（ダイヤモンド）Ahmad/stock.adobe.com
40 Newton Press
59 （雄黄）vvoe/stock. adobe.com,（ジルコン）imfoto graf/stock.adobe.com
65 YUMU/stock.adobe.com
71 DedMityay/stock.adobe.com
85 NASA, ESA, and the Hubble Heritage Team (STScI/AURA)
87 （飛行船）Dmitry Rukhlenko/stock.adobe.com,（MRI）kaliantye/stock.adobe.com,（ヒンデンブルグ号）Archivist/stock.adobe.com
89 （リチウムの結晶）Kim/stock.adobe.com,（アタカマ塩湖）Nektarstock/stock.adobe.com
91 （ベリル）marcel/stock.adobe.com,（その他）Minakryn Ruslan/stock.adobe.com
93 （フラスコ）AlenKadr/stock.adobe.com,（スライム）Miyuki Motomura/stock.adobe.com
95 Stanislau_V/stock.adobe.com
99 気象庁
101 （ホタル石）Björn Wylezich/stock.adobe.com,（フライパン）Caito/stock.adobe.com,（歯ブラシ）佐藤信敏/stock.adobe.com
103 f11photo/stock.adobe.com
105 Yosuke.H/stock.adobe.com
107 （マグネシウムの結晶）Björn Wylezich/stock.adobe.com,（マグネシウムの燃焼）Caito/stock.adobe.com,（豆腐）Nishihama/stock.adobe.com
109 3dsculptor/stock.adobe.com
113 image360/stock.adobe.com

115 inubi/stock.adobe.com
117 （消毒剤）Vinícius Bacarin/stock.adobe.com,（パイプ）ss404045/stock.adobe.com,（ドアノブの消毒）株式会社Ryuki Design/stock.adobe.com
119 ads861/stock.adobe.com
121 （じゃがいも）mates/stock.adobe.com,（ほうれん草）shibachuu/stock.adobe.com,（レーズン）panor156/stock.adobe.com,（アボカド）eyewave/stock.adobe.com,（さつまいも）m________k____/stock.adobe.com,（にんじん）sum41/stock.adobe.com
122 vadim_petrakov/stock.adobe.com
124 （イカ釣り漁船）makieni/stock.adobe.com,（メガネ）zhikun sun/stock.adobe.com
125 （ベニテングダケ）Andrey/stock.adobe.com,（褐鉛鉱）Minakryn Ruslan/stock.adobe.com
126 （シンク）akoji/stock.adobe.com,（菱マンガン鉱）cesiumatom/stock.adobe.com
127 Kruwt/stock.adobe.com
128 （青花磁器）ImageArt/stock.adobe.com,（ホバ隕石）Dmitry Pichugin/stock.adobe.com
129 shochanksd/stock.adobe.com
130 furtseff/stock.adobe.com
131 Josiah.S/stock.adobe.com
132 （リモコン）Urric/stock.adobe.com,（セレンの結晶）Björn Wylezich/stock.adobe.com
133 （ストール）天然色工房 tezomeya,（非常灯）竹内幸達/stock.adobe.com
134 kurosuke/stock.adobe.com
135 （医療用レーザー）Brad Nixon/stock.adobe.com,（模造石）ijp2726/stock.adobe.com
136 akeview Images/stock.adobe.com
137 （レントゲン写真）日本メジフィジックス株式会社（提供元：慶應義塾大学病院）,（ルテニウムの結晶）Metalle-w
138 ДмитрийУльяненко/stock.adobe.com
139 （石見銀山）a_text/stock.adobe.com,（銀食器）vizafoto/stock.adobe.com
140 （ニッカド電池）星空マニア,（スマートフォン）Scanrail/stock.adobe.com
141 （はんだ付け）АлександраЗамулина/stock.adobe.com,（ブリキのおもちゃ）hanahal/stock.adobe.com
142 （カーテン）Kittiphan/stock.adobe.com,（テルルの結晶）Björn Wylezich/stock.adobe.com
143 （ヨードチンキ）Ragnarocks/stock.adobe.com,（キセノンランプ）Amnatdpp/stock.adobe.com
144 （原子時計）国立研究開発法人情報通信研究機構（NICT）,（X線検査写真）samunella/stock.adobe.com
145 （ランタンの結晶）Jurii (Original uploader was Lanthanum-138 at en.wikipedia - http://images-of-elements.com/lanthanum.php),（セリウムの結晶）Björn Wylezich/stock.adobe.com
146 （釉薬）Newton Press,（ネオジム磁石）Fototocam/stock.adobe.com
147 Björn Wylezich/stock.adobe.com
148 （ブラウン管テレビ）Mediagfx/stock.adobe.com,（MO）funny face/stock.adobe.com
149 （テルビウムの結晶）Björn Wylezich/stock.adobe.com,（誘導灯）photo 34/stock.adobe.com
150 （ホルミウムの結晶）Björn Wylezich/stock.adobe.com,（光ファイバー）exentia/stock.adobe.com
151 （ツリウムの結晶）Björn Wylezich/stock.adobe.com,（ガドリン石）WesternDevil
152 Björn Wylezich/stock.adobe.com
153 VTT Studio/stock.adobe.com
154 （レニウムの結晶）marcel/stock.adobe.com,（オスミウムの結晶）Björn Wylezich/stock.adobe.com
155 Zaramella/stock.adobe.com
156 Argus/stock.adobe.com
157 （水銀）marcel/stock.adobe.com,（タリウムの結晶）Kim/stock.adobe.com
158 （鉛の結晶）R R/stock.adobe.com,（X線撮影）mapo/stock.adobe.com
159 （ビスマスの結晶）Björn Wylezich/stock.adobe.com,（キュリー一家）Archivist/stock.adobe.com
160 sum41/stock.adobe.com
161 （時計）vacant/stock.adobe.com,（ガス灯）payless images/stock.adobe.com
162 dave/stock.adobe.com
163 （惑星探査機）Artsiom P/stock.adobe.com,（厚さ計）東芝インフラシステムズ株式会社
165 （コイン）Starover Sibiriak/stock.adobe.com,（ノーベル）Juulijs/stock.adobe.com
167 coralimages/stock.adobe.com
168 （切手）zabanski/stock.adobe.com,（ダルムシュタット）pixxelmixx/stock.adobe.com
169 （コペルニクス）Juulijs/stock.adobe.com,（ニホニウムのプレート）チョウゲンボウ
170 Hrustov

Illustration

◇キャラクターデザイン　宮川愛理
10~33 Newton Press
35 Newton Press[地図のデータ:Reto Stöckli, Nasa Earth Observatory]
36-37 Newton Press・高橋悦子
39~49 Newton Press
51 Newton Press・加藤愛一
53 Newton Press
55 Newton Press・加藤愛一
56-57 Newton Press
59 （プロメテウス）matiasdelcarmine/stock.adobe.com,（天王星・海王星・冥王星）Newton Press,（イッテルビーの地図）Newton Press[地図のデータ:Reto Stöckli, NasaEarth Observatory]
60~71 Newton Press
73 吉原成行
75 吉原成行[硫酸イオンの3Dモデル:日本蛋白質構造データバンク(PDBj)，アンモニウムイオンの3Dモデル:日本蛋白質構造データバンク(PDBj)]
77 ろじねこ/stock.adobe.com
79 Newton Press
81 （ネオジムの電子配置）Newton Press,（その他）hisa-nishiya/stock.adobe.com
82 Newton Press
89~99 Newton Press・谷合 稔
109 （飛行機）Rawpixel.com/stock.adobe.com,（その他）Newton Press・谷合 稔
111 Newton Press・谷合 稔
113 岸野敏彦
115 Karin & Uwe Annas/stock.adobe.com
119 Newton Press・谷合 稔
121 Emilio Ereza/stock.adobe.com
122~131 Newton Press・谷合 稔
134 Vizphotos/stock.adobe.com
136 aki/stock.adobe.com
138 Newton Press・谷合 稔
146 makoto-garage.com/stock.adobe.com
147 dottedyeti/stock.adobe.com
152 Newton Press・谷合 稔
153 株式会社メディカルネット
162 crimson/stock.adobe.com
164 （地図）Newton Press・谷合 稔,（アインシュタイン）山本匠
165~167 Newton Press・谷合 稔
168 Juulijs/stock.adobe.com

Staff

Editorial Management　中村真哉
Editorial Staff　伊藤あずさ
DTP Operation　真志田桐子
Design Format　宮川愛理
Cover Design　宮川愛理

Profile 監修者略歴

桜井　弘／さくらい・ひろむ

京都薬科大学名誉教授。薬学博士。京都大学薬学部製薬化学科卒業、京都大学大学院薬学研究科博士課程修了。専門は、生物無機化学、代謝分析学。著書に『宮沢賢治の元素図鑑』、『元素検定』(編著)、『元素検定2』(編著)、『元素118の新知識 第2版』(編著)、『ニュートン式超図解 最強に面白い!! 周期表』(監修)などがある。

ニュートン
科学の学校シリーズ

元素の学校

2024年10月25日発行

発行人　松田洋太郎
編集人　中村真哉

発行所　株式会社ニュートンプレス
〒112-0012 東京都文京区大塚3-11-6
https://www.newtonpress.co.jp
電話 03-5940-2451

ISBN 978-4-315-52855-8